yes123 求職網資深副總經理 洪雪珍 ——著

工作愈換愈好，得有這些本事

求職專家洪雪珍
教你在升遷階梯上狂奔一定要會的事

目錄

第六部

時時向成功人士學工作智慧 241

自序

給自己一次機會，真正摔個夠

心疼自己的人，就等著一輩子心疼吧！

工作愈換愈好要具備的本事，寫了一整本書，最想說的話，就是讓自己摔個夠！工作愈換愈好的人，不是比較聰明，也不是比較努力，而是比較有膽識、肯冒險，不怕跌、不怕摔，不怕疼、不怕痛，勇敢的把自己豁出去！

容易放過自己的人，別人也會容易放棄他們。沒有摔得鼻青臉腫，沒有流血流汗的故事，就沒有動章，也不會讓人感動，全世界不會一起來幫忙自己完成目標。

換不到好工作，真正原因只有一個，對自己下不了狠，那麼就只能等著拱手讓出自己，交給別人對自己下狠，被淘汰、被資遣、被降薪……。

摔得還不夠

龍頭一個把不準，我整個人從車上摔了下來，直接一個狗吃屎的姿勢趴在車上，腿還壓在輪子下。我使力坐了起來，突然的情緒排山倒海襲過來，不想站起來。晚上七時半，在草堆邊，白天三十八度曬過的柏油路上還留有溫熱，一股暖流竄了上來，我有哭的衝動，氣自己沒用……。看著我賴在地上不動許久，姪子站在旁邊著急起來，蹲下來問：

「大姑姑，哪裡摔疼了嗎？」

「一點都不疼！可是我好想放棄……，連三歲小孩都會騎腳踏車，我學那麼久都不會，乾脆算了！」

「五個月來，你總共才練習三次，並沒有真正摔過，只有這一次才勉強算是摔到了。還沒辦法騎得很順，原因只有一個，你摔得還不夠慘、還不夠多。」

於是，他開始談起小時候學騎腳踏車的經驗：

「我總共學了一個月，天天練，每次一摔就是鮮血直接噴出來，可是我一心想要會騎，只好告訴自己，痛就讓它痛吧，不管了，就是騎，摔得夠多才學得會。」

過度保護自己

接著，他說出對我的觀察：過度保護自己，疼惜皮肉，害怕摔倒，只要遇到障礙就閃避，連煞車都不做，第一個動作便是急得跳車，而不是面對與突破，想辦法騎過障礙點。這個十三歲男孩，是這麼教訓我的。

「障礙是一種心魔，是心裡想出來的。當你看到所謂障礙時，心裡想著『障礙』，龍頭就會開始彎彎扭扭，害怕也就跟著來；如果換成想的是『克服』，直直騎過去就好了。一旦騎過去，就會發現根本沒有那個障礙。」

最後，他總結我的學騎單車，給我一個懇切的建議：

「你就是要給自己一個機會，讓自己摔個夠，這樣一定學得會。」

不疼不痛，就沒有成長

這孩子完全說到點上，我的學騎單車過程，不只反映出我的運動神經差到有如罕見疾病，也說明我的人生態度，容易放過自己，結果樣樣學，樣樣不會。學瑜珈四年，很少這兒痠、那兒痛，更沒有過運動傷害，因此一直學不好，自始至終是班上程度最差的一位，老師也總是好脾氣的安慰：

「沒關係！練瑜珈只跟自己比，不要跟別人比，慢慢來，一定學得好的。」

學單車，不摔就學不會；學瑜珈，不痛就不會進步；學游泳，不喝下幾口水也無法游得開來……，而這就是我學不好各項運動的癥結所在。人生處處是學習，訣竅都是一樣，不摔不痛、不面臨即將滅頂的危險，永遠無法突破瓶頸，享受進步的成就感。

職場，也是如此。

一般人會選擇做上班族，個性上就是比較習慣保護自己，擔心前面的風險會把自己吃了，恐懼前面的挑戰會把自己吞了。這樣的個性，慢慢走，也可以一天一天進步，若是只跟自己比較，也能夠自我感覺良好。可是職場從來就是一個競技場，你進兩步，別人進三步，好的工作機會就會被跑在前面的人搶走，不可能愈換愈好，甚至要小心被淘汰。

只要再多十分的努力，可獲得多一倍的成果

就我在職場多年的觀察，一般人的認真努力大概落在六、七十分這個範圍，看似及格了，可是大家都是六、七十分，拿這個分數就只能稱為普通。而進步的訣竅非常簡單，只要多努力十分，登上八十級分，就有機會享受多一倍的薪資待遇；再多努力十分，站上九十級分這一階，薪資待遇多上幾倍也並非難事。

可惜的是，從零分爬上六、七十分，一般人就累喘吁吁，覺得一路努力爬了六、七十分夠辛苦了，便開始心疼自己，捨不得磕磕碰碰，就此原地不動，不再奮力向前。事實上，既然都努力六、七十分，多努力一、二十分相對是一塊小蛋糕，只要比一般普通上班族多勇敢一些、多努力一些，不必多，一些些就夠了，

不怕摔個夠，不怕把自己疼著、累著的人，就有機會工作愈換愈好。

普通與優秀，差別只在於對自己心疼有多少，要放過自己有多少。對自己下得了狠的人，就可以突破瓶頸、戰勝困難，贏得最終的美麗成果。

了解自己所處的戰場

第一部

每項 80 分，不如有一項 99 分

工作愈換愈好，得懂得追求單項分數，不追求總分。人生剛起步時，不要做通才，而是在單項上出類拔萃，做到頂尖，成為專家，這種投機份子才是職場要的人才！

在學校都拿好成績，為什麼到了職場，考績卻老是墊底？

很多人的腦子，從幼稚園開始，便被大人在裡面種植一株「追求總分」的幼苗，一路念到研究所總共二十年，這株幼苗長成一棵大樹，他們以為從此可以在這棵大樹下納涼，眼前開出一條康莊大道，花開遍野，美不勝收。可是結果卻不是這樣，拿著漂亮的成績單進到職場，卻一路栽跟斗，冒出一肚子的問號：

「我的學校排名前十，怎麼考績會輸給這一名後段班學校畢業的？」

「我明明樣樣強，他只有一樣強，其他都很差，怎麼會是他的表現贏過我？」

學校成績算總分，職場考績不是這樣算

說起來，這也是一種「智障」，學歷高反而成為障礙，無法在職場獲得等值的回報。其中一個原因是，會拿好成績，考上好學校的人，是靠各科都不錯，加起來的總分高於一般人，而在學校裡橫著走；到了職場，這些校園模範生依然維持這個習慣，力求在各項表現不錯，加起來總分高於一般人，以為仍然可以獲得掌聲，哪兒知道迎來的是噓聲？

「不是念台大的嗎？怎麼做起事來不怎麼樣，普普通通？」

「看不出來他們有哪一樣特別強，樣樣通，樣樣鬆。」

聽到這些責難，「高學歷智障」第一個反應是檢討自己，以為是自己做得不夠好，便拚命在每樣工作努力再努力，把總分拉高，讓大家看到自己的優秀。

其實，他們並非不優秀或不努力，而是弄錯重點！

職務中如果需要五項技能，山羊會想盡辦法，在各科都力拚八十分以上，總分四百分；相反的，狐狸不這麼做，只取他最擅長的一項，拿到最頂九十九分，讓其他四項在六十分低空飛過，總分三百三十九分。

在職場，山羊會輸，狐狸會贏。想當然耳，山羊會抱怨不公平，四百分怎麼會輸給三百三十九分？怎麼會是努力的人被責罵，而投機份子受到稱讚？可是這是員工的觀念，老闆卻不是這麼算的，他們拿的是另一種計算機，不算總分，只算單項分數，看待山羊與狐狸的價值便整個倒過來。

狐狸有一項九十九分，成為公司的賣點，客戶買單，老闆就會讓狐狸只做這一項，狐狸在這方面精進再精進，最後變成他個人無可取代的定位。至於另外四項，老闆會要求全能的山羊頂下來，使得山羊的工作量倍增，不過老闆會體恤山羊的辛勞嗎？不會的！他只覺得山羊不具顯著貢獻，沒有任何一項可以幫公司加值。

一件事做好，強過三件事普普

Andrew二十八歲剛進電視台時，主管交代每天要跑出三條好新聞，他就拿出在學校拚總分的精神幹了，從早到晚忙進忙出，約訪、採訪、剪帶、配音，每天都要工作十二小時以上。隔壁有三年資歷的記者看不過去，有一天提醒Andrew：

「你有三條新聞要交差，不要平均分配心力，應該集中心力做好一條，至於另外兩條放水算了，否則你這樣做下去，撐不了太久。」

Andrew是念新聞本科畢業的，從小就立志要當記者，對於前輩的所言有點震懾住，可是環顧一下四周，也是！電視台的流動率超高，每天都有人落跑。但是工作放水，違背Andrew從小到大的教養，也會被主管盯到貼牆壁吧！

「這就是做事技巧！主管只會注意到你做得好的那一條，它會搶收視率，每節重播，價值很高！至於那兩條，他不滿意，但是會選擇性的忽略。」

多年之後，Andrew 將這段對話寫在臉書上，同業紛紛來詢問這位前輩的下場，大家都推斷……應該是一個慘字，早就被踢離電視台，不在人間！

很抱歉，要讓大家失望了……Andrew 這麼回答：

「啊！他就是某某某，現在是某台晚間六點主播，紅得很啊，年薪幾百萬！」

找到一項核心價值

懂了吧？考績拿得差，可能是因為你太努力，太想把每件事都做好，卻沒有把其中一件事做到最好。在職場，僅僅 good 是不夠的，唯有 excellent 才算是人才！

十項全能的人，最後變成工具人；單項頂尖的人，最後變成專家。在老闆的計算機裡，工具人沒有價值，只有苦勞，沒有功勞。他會用工具人，而且會重重的用，加班熬夜，榨乾血汗，可是不放心上，也不會憐惜。面對專家員工可不同，老闆會換上另一副巴結的嘴臉，給高薪，還勸他們去休假充電，心疼累著他們。

找出你的核心價值，一項就好，做到大家翹起拇指稱好，一想到這件事就會想到請你來做，這就是你的定位！你的招牌！更是你往上爬的跳板！

十項全能的人，最後變成工具人；單項頂尖的人，最後變成專家。
在老闆的計算機裡，工具人沒有價值，只有苦勞，沒有功勞。

前輩的故事，就是你的未來

工作愈換愈好，得充分了解人生或職涯都有起伏，從前輩的故事預見自己未來的人生腳本，做好準備，避免重蹈覆轍，並且平常心面對挫折失敗。

歷史，不斷重演。發生在別人身上的故事，不只是一則茶餘飯後的八卦，而是一則活生生的教訓，未來會在自己身上重演。當一個人說出這樣的話：「這件事不可能發生在我身上……。」只代表了一個意義，年紀太輕，時間未到而已。在職場上，前輩的故事，可能是十年後我們的人生，他們只是先預演給我們看罷了。如果這是一個悲劇收場的故事，別以為自己會是上帝眷顧的幸運兒，永遠不會發生在自己身上。

職場存在一些宿命，誰都閃躲不了，年輕的你必須提早有所體認，做好各種準備，包括心理上或財務上的準備，以防措手不及、消極喪志，才能充滿信心的迎接。

再風光的日子，也會撕掉最後一頁日曆

五年前初識George時，他在一家食品大廠任職，是一位意氣風發的中階主管，談起未來，兩眼發亮，聲音宏亮。當時，他的公司因為轉型成功，國外市場開拓進展快速，業績蒸蒸日上，George水漲船高，步步高升，薪水加紅利令人羨慕。

業界紛紛向他招手，想要延攬他複製成功的模式，可是George一來效忠公司，二來得心應手，覺得不必太費力即可共享公司的繁榮遠景，前途光明；相對的，跳槽到新公司，前途未卜，能否做出成績尚不可知，有職涯風險。

五年來，常會聽到George的消息，不是出國開拓業績，就是在國內發表新產品，不時還會參加公開的座談會與演講，接受採訪，風光如意，不可一世，大家都看著他搭噴射機一路飛上去。

突然的，前天他打電話來，問我是不是有工作機會，因為他要離職，理由是「這畢竟是一個家族企業。」老闆的女兒要回來接棒，第一個卡的就是George的位子，他勢必要讓賢。George掩抑不住心中的怨恨：

「我在這家公司打拚十五年，犧牲掉家庭生活，奉獻出青春歲月，結果被一個二十八歲的小女生打趴，公司太無情！老闆太狠心！」

前輩的結局，是你的未來人生

老闆和女兒的親情是割不斷的，家族事業當然要傳給血脈，不可能拱手讓給外人，這齣戲在二十八年前早就寫好結局，除了George外，任何人都看得懂，唯獨George以為這個結局會改寫，不會發生在他身上，只因為他犧牲奉獻、在業界炙手可熱，以及他自認是命運寵兒……。

「我想不到，這樣的結局會發生在我身上。」George無限喟歎。

「人算，不如天算。」面對他的慌亂，我說出在職場體驗最深的這句話。

真的是天算，而人算不到嗎？也未必！看看前輩的職場故事，不難算出未來自己的命運結局。像George這類高階主管，身處家族事業，本來就要警覺到第二代終將接棒，老臣唯有禮讓一途，公司大者可以給一個窗邊座位讓老臣安身，公司小者就直接清算退休金。

「宿命，無人可倖免。」我在職場的另一個體驗，沒有人是一百分的幸運兒，總歸要接受歷史輪迴的安排。

認清楚，自己也會有倒楣的一天

從踏入私人企業的第一天起，請認清楚工作是朝不保夕，永遠不會知道明天還在不在這家企業，方不致將頭埋在沙堆裡，不敢面對職場的無情與殘酷。

任何原因，都可能讓一個認真勤奮的上班族三振出局，比如：景氣循環，業績不佳，遭到裁員；或是公司轉型，調動職務，自己無法勝任；或是和主管無法相處，情緒易受影響，表現欠佳；或是公司更改規定，適應不良……。

這些劇情，每天都在職場上演，常發生在低階員工，即使不情不願也莫可奈何，只能接受。不過，因為年紀輕，轉身容易，傷害不大。

最令人驚心的是，位高權重的中高階主管，在四、五十歲當頭打下來一個青天霹靂，像George一樣，最尷尬的年紀面臨最沈痛的打擊，往前看沒有多少選擇，回頭也沒有路，進退不得。

中年危機就是職場宿命，會發生在每位上班族身上，無一倖免。還年輕的你，可以提早一、二十年做什麼呢？

第一件要做的事是，相信自己就會這麼倒楣，這些悲劇有可能發生在自己身上。第二件要做的事是，學習自私自利一些！

在年輕歲月裡，為公司打拚的同時，要記得為自己奮鬥；擦亮公司招牌的同時，要記得打響自己的品牌；幫公司創造價值的同時，要記得墊高自己的身價，直到風雲變色的那一天到來，便可以深深慶幸自己已經做妥準備，頂得住山崩石裂，並挪得出迴旋的空間，跳出另一個大舞台。

一個人幸運與否，不是靠相信，而是靠準備。

> 在年輕歲月裡，為公司打拚的同時，要記得為自己奮鬥；擦亮公司招牌的同時，要記得打響自己的品牌；幫公司創造價值的同時，要記得墊高自己的身價。

真是傻，把人生交到老闆手上

工作愈換愈好，得認清企業主的真面目，了解自己在他們心目中的地位，降低期待，減少依賴，反而輕鬆無負擔，並充分掌握自己的命運。

我的朋友Jacob在公司負責帶設計部，是他第一次擔任主管職，有八名屬下，他告訴我一個心酸的故事……。

屬下要離職，Jacob的心裡萬分可惜和不捨，因為屬下聰明質優，做事好又快，是難得的好人才，做為他的主管省事又省心。

可是這次新公司硬是多開價八千元，這個價碼讓Jacob實在是無法向老闆開得了口，不過他仍硬著頭皮去提加薪。

老闆也知道這位屬下的確好用，在評估過全公司同一職級的薪資水準之後，他告訴Jacob，這位屬下的薪水已經到頂，再往上加就是破例，不過他願意多加四千元留人，至於八千元是不可能！

局面僵住了，Jacob便問老闆可否兩階段加薪，先加四千元，半年後看表現再加四千元，讓員工覺得留下來有「發展性」，哪兒知道老闆不耐的揮揮手說：「我從不保證員工的未來！」不多話的老闆難得吐出一連串的真心話：

「我保證他半年後加薪，誰來保證我半年後業績成長一成？」

老闆不願意保證員工的未來，是他的錯嗎？

講完這段幫屬下爭取加薪卻被打臉的過程，Jacob 心情低落的問：

「連老闆都無法給員工承諾，保證未來能升遷或加薪，員工還有什麼保障？」

因為這層恐懼，讓他對公司失去信心，本來誓言要在這家公司打拚到底的決心出現動搖，「是不是應該換工作，到一家可以保障員工未來的公司？」

我心想，這位老闆未免說太白了吧！內心戲演再大，也不必搬到檯面演給員工看，不只會嚇到員工，一傳十，十傳百，人心勢必動搖，士氣勢必崩塌。老闆這番話是失言，卻是百分之百道出真心話，反倒朋友是舊思想、舊觀念，需要再教育。

我拋出第一個問題：「你可以保證半年後績效提高一○%嗎？」

Jacob 胸有成竹的回答：「可以！」

接著，再拋出第二個問題：「你成長一○%的績效，可以保證幫公司創造出一○%的利潤嗎？」

這時 Jacob 第一次露出不耐，提高聲調的說：「業績不是我扛，營運不是我背，為什麼要我保證？那是業務主管的目標、老闆的責任，通通不關我的事！」

這就對了！業績和營運決定公司的未來，也決定員工的未來，但是一般人都認為這些都和自己無關，那麼為什麼老闆要保障你的未來？

透視老闆的三點人性

不管進哪一家公司，一個人的未來始終掌握在自己手上，不在老闆身上，可是很多人不這麼想，以為進了一家公司，就把養家責任、人生未來、前途發展、學習成長……，一廂情願通通一股腦兒的塞給老闆，不認為它們是自己的責任，然後埋頭苦幹，直到有一天被老闆裁員資遣，才懊惱自己傻極了，一片真心換來絕情，也對自己的下一步茫茫然，不知道自己的未來在哪裡。

醒醒吧！只要看清老闆以下這三個真面目，保證嚇一大跳，心想：「好大膽，不要命，怎麼將未來交給這樣一個老闆！」

【老闆真面目①】老闆的心裡只有一個未來：公司的未來

台灣有一百二十三萬家企業，九七％是小公司，多數存活七至十三年，這麼短命，天哪！連老闆自己都抓不準公司的未來，每天頭疼成本上漲、利潤降低，競爭對手環伺，一個不小心就公司倒閉，他爸媽阿姨叔叔的退休養老金全都不見了，怎麼還有心情管到你的個人未來？請記得，老闆全是一個樣，他們的想法相同，別以為下一個老闆會更好。

【老闆真面目②】老闆和你不太熟，不過是上班後才認識

像郭台銘這麼愛上電視的企業主，連廠區正在抽菸的員工看到他都仍然不認識，可見得員工和老闆非常不熟！一般員工和老闆非親非故，看他和路人甲無異，想想看對一個陌生人說要將未來交付給他，還要對方給承諾，他會怎麼反應？只會啐一句：「你瘋了！」

【老闆真面目③】你的未來，老闆沒列入應付帳款裡

無論這家企業視人才為成本或資本，一般老闆認為雇用本身是一項交易，每

個月支付薪資就代表善盡責任，該做的都做了。即使多花成本在教育訓練或其他福利上，他們圖的是讓員工技能精進、幸福快樂，可以專心工作，而不是謀你的未來。

有一部電影「老闆不是人」，這個名字反映出一般員工對老闆的認知，不是把老闆神格化，就是妖魔化，都不對！相反的，只要從頭到尾把老闆當成有血有肉的人，認清老闆的真面目，不做高度期待，拿回自己未來的主導權，做好職涯規畫，充實專業能力，累積寶貴人脈，才是真正有保障！

不管進哪一家公司，一個人的未來始終掌握在自己手上，不在老闆身上。拿回自己未來的主導權，做好職涯規畫，充實專業能力，累積寶貴人脈，才是真正有保障！

這些工作，都在賣無敵的青春

工作愈換愈好，得看出職務的「保鮮期限」，保鮮期限短的工作一定要提早準備，快快離開，以免過期成為滯銷商品，錯過轉職的黃金年紀。

一個公司裡都是年輕員工，充滿活力，洋溢歡笑，氣氛融洽，大家白天一起熱血打拚，晚上下班一起吃喝玩樂，是好同事，也是好朋友，覺得大家可以一起工作到老，做一輩子的同事和朋友，是一件多麼讓人期待的好事！

可是，如果這是一家有點歷史的公司，你有沒有想過一個問題：

「前輩怎麼都不見了？」

愈是歡樂，愈是要緊張

有點靈異嗎?的確必須開始毛骨悚然……，因為這可能是一個「早夭的工作」！這些工作存在一個潛規則：限定年輕員工，它們只能賺青春財，年輕才可以做或才做得好，年紀稍大就會力有未逮、格格不入。在過去，前輩們做不下去；在未來，你和周圍這一批年輕同事也可能面臨同樣宿命，不久後一個一個離去。

工作會不會早夭，從員工的平均年齡即可算出來。當你算完之後，發現自己只剩一年保鮮期，請不要慌張或憂慮，而是要想在這一年應該趕快做什麼事，才能跳到第二個美麗的天堂。

也許你會不解，反問：「我還年輕，沒想到要在一家公司待到退休，這個問題未免杞人憂天，想得太早了吧？」

一點都不早！一家公司或一個職務都只有年輕人，不見老中青三代同堂，就表示你很快將被淘汰，時間逼近的速度也將遠超乎你的想像。當一個人有所發揮，快樂無比時，日子都過得飛快，一眨眼的功夫，來到工作壽命的大限，到時再來想這個問題就太晚，也措手不及。

六項青春財

這些賣青春財的職務，有以下共同特質：

賣外表：比如：模特兒、化妝品專櫃小姐、美容師等。

賣體力：比如：運動員、勞力工，以及輪大夜班的職務等。

賣時間：經常加班、工時長、要求責任制的職務，在台灣這類工作太多了，族繁不及備載，就用「不勝枚舉」這四個字帶過吧！

賣創意：比如：廣告公司的創意人員、科技廠的研發人員等。

賣年輕的腦：銷售或服務的對象是青少年、年輕人，一定要是同一個年紀才能想得出好點子，或才能服務得來，比如：手機遊戲等。

賣新技術：技術不斷翻新，必須日以繼夜的跟上腳步，才能立足的職務，比如：程式人員等。

在這六項特質中，擁有項目愈多，陣亡的速度愈快，也就別再一廂情願的以為「淘汰」這把大刀砍落的不是自己項上這顆腦袋。

設好鬧鐘，準備離去

這些賣青春財的職務充滿魅力，除了因為環繞的是年輕夥伴，氣氛活潑，讓人有如吃了快樂丸般的興奮，還因為工作內容多變有趣，時尚感強，有一種走在時代尖端的驕傲，在同儕之間可以炫耀，這些理由，都足以讓人流連忘返，捨不得離去。

可是，每個人都會從青年踏入中年，再從中年進入到老年，而每一種職務都有它合適從事的年紀，過了年紀就會自然而然的不合時宜，或跟不上節奏，可惜很多人樂在工作時，沒有警覺到大限逐日逼近，而讓職涯陷入危險中。

好吧！歡樂的派對總會結束，在踏進這些職務之前，請先設好鬧鐘，訂出離去的時間。在鬧鈴響起之前，也請做好準備，帶走應該帶的隨身物品，這些都是幫助你縱身一跳，跳得更高的資產。在這段期間，請累積以下的價值：

【累積的價值①】：做事的技能

很多職務的技術會日新月異，但是核心的技能、基本的邏輯是不變的，而且隨著經驗的累積，它們會像老酒一樣愈沈愈香，這就是我們要掌握的技能。

【累積的價值②】：良好的名聲

口碑很重要！年紀愈大、資歷愈深，別人在用你時會反覆思量，考慮較多，到處打聽你的做人處世、表現績效，所以一定要留人好探聽。

【累積的價值③】：深厚的人脈

二十歲時靠努力，三十歲時靠經驗，四十歲時就要靠人脈，一通電話就可以解決、一頓飯局就能夠進單，這就是年長者的價值，是年輕人難以望其項背之處。

有一天換到一家公司，老中青三代同堂，人數比例分配不失衡，就是一個可以做得比較長久的工作。即使如此，仍然要清楚認知到一個殘酷的事實：沒有一家公司是安穩的、沒有一個工作是有保障的，還是要時時刻刻保持高度警覺性與競爭力！

> 在踏進賣青春的職務之前，請先設好鬧鐘，訂出離去的時間。在鬧鈴響起之前，也請做好準備，帶走應該帶的隨身物品，這些都是幫助你縱身一跳，跳得更高的資產。

工作再努力，也別想提早退休

工作愈換愈好，得懷抱著感恩的心情，感謝我們還有能力、有條件和有機會繼續工作，因為很多人不是沒有能力，就是沒有條件，甚至缺乏機會，造成生活窘境，所以我們何其幸運！

「趕快退休吧，有好多事要做……。」打從工作的第一天開始，就盼著退休的那一天快快到來，可是這一天卻愈來愈遙遠。

別再奢想四十歲或五十歲可以退休，看看父母這一代直到六十五歲才能退休，而你的薪水比他們低，壽命比他們長，退休怎麼可能早得過六十五歲？澳洲政府在二〇一五年，已經喊出法定退休年齡是七十歲，台灣跟上是遲早的事！在漫長的四十五個工作年頭裡，科技快速前進，產業快速更迭，每天投來的是變化球，你要想的是怎麼樣才不漏接，怎麼樣不被職場三振，怎麼樣可以盜壘成功，直到七十歲都充滿競爭力。

二十幾年前，台灣經濟大好的年代，股票飆到萬點，房價一天三變，賺錢容易，餐廳天天爆滿，媒體訪問年輕人打算幾歲退休，得到的答案是「最多就是三十歲一定要退！」退了要做什麼？答案也很一致，那就是「環遊世界」。

現在，這些年輕人都已經五十歲了，除了軍公教警人員或家有恆產者外，看看那些當年講話嗆辣的年輕人在幹嘛？都還在工作中，沒有膽子退休！

政府要延長退休年齡，不是因為我們還能工作

上一代是你的鏡子，照見你的未來。這些中年人第一害怕「有幸」活到九十或一百歲，不論是住養老院或請看護，都是不得了的開銷。第二害怕「不幸」年金破產，退休後還有二、三十年，漫漫歲月，錢哪裡來？

而，這一個有幸和這一個不幸，將來都會發生！

台灣人口老化目前是世界最快，看看日本這位前輩，就可以知道你我的未來。日本最近出現一個新名詞：「下流老人」，指的是中產階級退休後變窮，階級往下流動，有的窮到沒飯吃，動腦筋犯罪想吃免費牢飯。日本還衍生出變賣房子換現金養老的融資制度，台灣政府正在參考中，可見得我們的政府老早就知道，你我未來的老年生活一樣慘！

全世界都在延後退休年齡，真的是為了充分利用老人的經驗嗎？當然不是！大家愈來愈長壽，錢繳得少，卻要給得多，年金遲早要破產，延後退休就可以少發年金，延緩破產的大限到來。

2002 至 2007 **年各國男性的退休年齡**

	美國	英國	日本	韓國	西班牙	義大利
法定退休年齡	65.8 歲	65 歲	60 歲	60 歲	65 歲	57 歲
實際平均退休年齡	64.6 歲	63.2 歲	69.5 歲	71.2 歲	61.4 歲	60.8 歲

台灣人退休得太早

台灣人一直自許是勤奮的水牛，年輕人也抱怨低薪過勞，從每年工時來看的確是如此，可是從退休年齡來看，卻不如我們所想。看看上表就知道，我們這麼早退休，和時代多麼脫節，和世界多麼背離，我們真是一群早早掛起頸軛的水牛啊！

看看這些國家，再看看台灣，我們平均退休年齡才只有五十七歲，日本近七十歲、韓國逾七十歲退休，多了我們十三至十五年，就知道韓國崛起、台灣沒落不是歷史偶然，而是歷史必然，沒什麼好怨的。地球在轉，每天在變，窮台灣也要跟著轉變，窮人沒有不工作的理由，我們必須雙手擁抱延後退休這個宿命。

感謝上天讓我們能工作

靠人人倒，靠山山倒，靠政府一樣會倒，不要再相信年金神話，不要把你的老年交給政府，不要急著退休養老去，真的，五、六十歲沒那麼老，不需要養老。有一份工作，有一份收入，活得年輕有精神，有尊嚴、有價值，每年還有二、三十天的特休假及週休二日，一年出國兩趟不是難事，生活品質照樣顧得到。

我的老闆林榮三先生年年穩坐十大首富排行榜，二〇一五年溘然長逝，生前他常常說：「要工作到走的那一刻」，他真的做到了！剛開始無法理解，想說這麼有錢幹嘛這麼辛苦，不值得啊！可是人到中年終於懂了，工作和錢有關，和人生意義更相關，它是一種奉獻與承諾，帶來的自我肯定是這世間上很多事無法取代的。

長榮集團創辦人張榮發也在同一年走了，網路上轉傳他生前的名言佳句，最打動我的一句是：「能工作，是一生中最大的幸福」，為什麼呢？

能夠每天到公司打卡上班，表示你有能力沒被辭退，身體健康不必請假，而家人也無病無災，不必離職去照顧他們……，不必多，只要發生其中一件事，很多人的人生會就此崩塌，所以別覺得可以每天上班是理所當然的事，每天進辦公室坐下來的第一件事，請感謝上天讓你無憂無慮能工作。

從今天開始，不要再抱怨工作，不要再偷懶不求上進，和工作和平共處四十五年，確保它會一直愛你而不拋棄你，所以對能工作這件事請心懷感恩，因為不能工作讓有些人活得困窘與失去尊嚴，而我們是多麼幸運的一群人啊！

工作和錢有關，和人生意義更相關，它是一種奉獻與承諾，帶來的自我肯定是這世間上很多事無法取代的。

不會念書的孩子，贏在這個特別的能力

工作愈換愈好，得能面對自動化、機器人的衝擊，以及產業更迭，除了腦力之外，還要有高階的「心能力」，保持最佳戰鬥力，不被淘汰。

新手律師月領兩萬八千元，資深美髮師月領十萬元，這和AlphaGo下贏圍棋有什麼關係？電腦下圍棋，贏過人腦，很多白領階級要「剉著等」，工作就要消失，飯碗就要被拿走，職業的階級歷史必須重新改寫。

圍棋是目前人類最複雜的棋藝之一，二〇一六年AlphaGo用電腦和韓國九段棋王李世石對奕，結果四勝一輸，顯示電腦在下圍棋上可以贏過人腦，意謂著人工智慧再進一大步，這不是一則新聞而已，而是一則警世預言，具有人工智慧的機器人將取代部分工作，很多人要面臨失業。

工業革命，機器拿走的是勞力工作，藍領工人遭殃；在不久的將來，有人工智慧的機器人不只取代勞力工作，還會將一些腦力工作整盤端走，不論藍領或白領的人數將大幅銳減。人類的工作時間將再縮短，玩樂時間變多，有人因此失去謀生機會，貧富差距愈來愈懸殊。

記者這個工作，已經在消失中

哪些工作會消失？我真的嚇到了，美國商業新聞網站（Business Insider）在二〇一一年指出以下九種職業將被機器人取代：藥師、律師、司機、太空人、店員、保母、軍人、搜救員、記者等九種職業將被機器人取代。

我在媒體工作長達二十年，實在是難以想像記者這個職業會消失，它是危言聳聽嗎？想想我們現在看到的電視新聞，就知道一點都不是！

在台灣，電視新聞這個業界早就自動繳械，很多已經不是來自記者親自採訪，而是從監視器、行車紀錄器，或是臉書、網站、YouTube等剪輯而來。這些數位資料，電腦都能高速運算，在第一時間爬出最強推的內容，只要稍加編輯整理，就是一條高收視的新聞，不一定是好菜，卻保證絕對是大家要吃的天菜。

在美國，也有公司大做其生意，一天二十四小時不間斷的爬梳各種來源的數位內容，賣「獨家新聞」給媒體，賣「潛在危機」給企業。有一次亞馬遜的倉庫失火，企業還未察覺，消防人員還未接到九一一，媒體已經早一步到現場做採訪，隔天亞馬遜的股價應聲而倒，就是這家公司提供的獨家新聞。

律師月入兩萬八，美髮師月入十萬元

見證了這個變化，我幾乎要舉雙手投降，但是周圍的記者、律師、藥師卻都一個勁兒的搖頭，斬釘截鐵的說：「不可能！」臉部表情寫著四個字：「無稽之談」。

記者說：「我們不可能被取代，因為我們會判斷、解讀新聞，在採訪與編輯時選擇切入的角度，這些是機器人無法做到的事。」

律師說：「我們不可能被取代，法律規範的構成要件必須和案例的事實做比對，這個涵攝工作，機器人無法做好。」

他們說的這些「心裡運算」的事，電腦真的無法取代嗎？實情並非如此。牛津大學有一份報告指出，已經有軟體可以分析和比對法律文件，兩天之內分析出超過五十七萬份法律文件。

一家事務所的老闆告訴我，過去沒有準備好十萬元的薪水不敢聘雇一位律師，最近他請到一位新手律師，月薪卻只給兩萬八千元！過去我們都以為律師考試變寬鬆，有照律師增多，在台灣司法案量並未相對增多之下，出現流浪律師，現在可能要再增加一個因素，那就是電腦軟體帶來的高效率，排擠掉真人律師的職缺。

可是你知道嗎？就在同一天，一位二十一歲的染髮小弟 Rex 跟我說，他希望將來可以賺五十萬元，我以為是年薪，竟然不是，而是月薪五十萬元！我不可置信的問Rex：「你周圍有設計師月入五十萬嗎？」Rex竟然回答：「有啊！」臉上還掛著一副滿羞辱人的表情，那就是「你在人力銀行工作，怎麼不知道這個行情？」（後來經追問，五十萬元是Rex的三十五歲老闆的月所得，高中肄業。）

「即使沒賺到五十萬元，我在二十三歲出師，磨五年累積客源，三十歲以前至少月入十萬元。」Rex高中畢業就入行，已經做了三年，從洗頭開始學起，現在是學染髮階段，薪水兩萬多元，對於未來充滿希望，還說：「未來我會考慮到澳洲工作，賺得比較多。」他不是去拔羊毛或殺豬，而是去當美髮設計師。這樣的國際移動能力，不妨拿來試問台灣的律師，「你敢出國當律師嗎？」應該沒有多少律師會拍胸脯說自己有這個膽子！

會念書考試的孩子，未來可能是魯蛇

一個會念書考試的律師月入兩萬八千元，一個不愛念書的美髮師月入十餘萬元，這世界是不是反了？沒錯！當機器人具有人工智慧時，可預見的是這種情況將愈演愈烈，完全翻轉我們對職業的階級觀念。

會念書考試的律師，從小到大一路春風得意，他們贏在哪裡？就贏在記憶、整理、比對、分析等能力，可是這些能力將來也是他們輸的原因，由具有強大運算能力的電腦所取代。

不會念書考試的設計師，從小到大都是「笨孩子」，他們輸在哪裡？輸在律師強的那些能力，可是他們具有的創造力、美學力，以及社交力（和客戶互動），卻是冷冰冰機器人的致命弱點，而且機器人也沒法拿剪刀做精細的動作。

當電腦大勝人腦，具有人工智慧的機器人取代工作，一個人的核心能力將重新定義。過去我們只要和人腦搶飯碗，腦力強的人會勝出；可是未來是和機器人爭工作，競爭力如果只是侷限在腦力，穩輸無疑！

在組成對抗機器人的復仇聯盟中，我們需要具備哪些必勝的能力？這個問題不難回答，請去想想，哪些事不放心交給機器人來做，那就是必勝的能力！

剪頭髮，你敢交給機器人嗎？化妝，你敢給機器人化嗎？演戲，你想看機器人演出嗎？唱歌，你想聽機器人唱嗎？藝術品，機器人做出來的還是藝術嗎？

凡是和感受有關的能力，將脫穎而出！未來出頭天的人將換成另一批人，可能是那些不會念書考試的魯蛇。

裁員資遣
不再是人生意外

工作愈換愈好，得能面對不確定的職場變化，隨時準備歸零，然後東山再起。在轉身的時候，滑出順暢的身形，跳出優美的拋物線。

走到河邊，很多人都會隨興的玩起一個簡單遊戲：打水漂。滿地的扁平石片，隨手撿起一個，用力往前一甩，比比看誰的石子彈起來最多次。

職場就像這條河流，每一個人走到河邊，都會玩打水漂，能在每次的沈沒之後歸零，再度彈起來跳高，漾出一圈一圈漣漪，彈起次數愈多次愈強，將會是最後的贏家。

變動的商業社會，隨時都會歸零

過去，社會變化不大，職涯走的是同心圓模式，一輩子守著同一個圓心，不斷向外畫出更大的圓圈。隨著歲月增長、經歷累積，職涯不斷往外擴散，這樣的情形其實只會出現在經濟正成長的年代，但也到此為止了。

現在GDP保一很難，最有可能是負成長，這就是我們身處的時代，太多原因足以打亂這個同心圓的職涯模式。經濟不景氣、產業生態改變、個人技能被淘汰、健康不佳、家庭變故等，都會逼使一個人歸零，再度彈跳，畫出另一個圓圈，迎向打水漂模式的職涯人生，從一個圓圈跳到另一個圓圈。

此時此刻，一種新的競爭力橫空出世，那就是重新歸零，它是未來贏家的能力。

二〇一六年郭台銘併購夏普，震撼台日，但是夏普的虧損嚴重，郭董必須鐵腕止血，免不了砍人，日本媒體預估七千人要被裁員，可想見又是哀鴻遍野。

減薪、無薪假、資遣、裁員、倒閉……，在未來的職涯裡，這些名詞將愈來愈常聽到，有可能發生在每個人身上，它們不再是「突發事件」，你也不能再被迫反應，這只會讓自己與家人措手不及，甚至一蹶不振，何不換一個腦子，將它當做「常態」看待，隨時準備歸零，主動出擊，重新出發。

柯震東復出，不可能發生的奇蹟？

二〇一四年八月，柯震東在中國吸毒被逮，遣送回台灣，沒有人想得到柯震東會再度復出，大家想的是，「吸毒不可能戒得了。」「在中國因吸毒被封殺，沒有人可以再復出，而沒有了中國市場，其他地區很難接納柯震東，等同於宣告演藝生涯死亡。」

但是，不到兩年，影劇新聞刊出他正在中國橫店拍攝新戲，演出警察一角，明顯是用角色漂白，給他重回影壇的一個正當性。他從大銀幕起家走紅，在重重摔落之後，跨出的第一步是小銀幕，由電視劇重新出發。面對記者的採訪，他這麼自我檢討：

「以前我太囂張，嘗到苦果，現在不敢了，就是把戲演好，靠自己去扭轉形象。」

柯震東的復出，給了我們一個啟示，那就是在數十年的職涯裡，誰不會跌倒？跌倒了，就算看不出有一絲生息，奇蹟仍然會存在，而這就是歸零的能力！

謝金燕本來要坐一輩子輪椅

同一時間，另一則洗版的影劇新聞，是豬哥亮希望在女兒謝金燕的演唱會公開見面，結果未成，豬哥亮說出謝金燕當年嚴重車禍，是他出錢送到日本做多次手術「修理」，才有今天的謝金燕，這段話再度喚起大家的陳年記憶……。

是啊，當我們看到這位台語電音歌后在舞台上又唱又跳，連年還是跨年晚會收視率最高點，幾乎忘記當年車禍，謝金燕骨盆碎裂、半臉全毀，醫生判定以後的人生只能在輪椅上過，即使直到今天，謝金燕仍然有不少關節無法轉動，比如手掌不能向上彎。看著她多年努力不懈的苦練身體，經紀人球球說出真相：「關節不太能動的，她就想辦法練到能動。真的動不了的關節，她就想辦法用美麗的姿態帶過去。」

注定要坐輪椅的人，最後竟然躍上舞台蹦蹦跳，搶到最高收視率，在小巨蛋賣票開演唱會，成為大家心目中最喜愛的姐姐，這樣活生生的例子說明一個事實：這世界上是有奇蹟的！唯有具備歸零能力，才能創造這個奇蹟。

告別同心圓人生，迎向打水漂的職涯

看看林書豪，這一陣子他又回到自由球員的身分，他的生涯模式是一個圓圈又一個圓圈，不斷從球場回到冷板凳，有時連冷板凳都沒得坐，但是我們看到的林書豪一直陽光燦爛，不只是因為他的心中有上帝而已，還因為他早早有心理準備，他的職涯就是這個樣子，只能不斷歸零！

即使今天站在高峰，終究都要走下山，才能爬向另一座高峰，這才是長長一生職涯的真相。在這過程中，不必迷失自我、不必失去意志，你還是你，唯一要做的是改變心態，重新歸零。

請告訴自己，你不屬於任何一家公司，而是屬於你自己；你不是組織人，而是一位自由人。不論任何年紀，在這家企業做得多麼風風火火，它還是有可能對你關上門，而你要有本事開起另一扇門，從頭歸零，只要有了第一步，就會有下一步，而奇蹟就會在你眼前展開。

即使今天站在高峰，終究都要走下山，才能爬向另一座高峰，這才是長長一生職涯的真相。在這過程中，不必迷失自我、不必失去意志，你還是你，唯一要做的是改變心態，重新歸零。

第二部

爭取升遷、加薪有技巧

可別在 30 歲之後窮慣了

工作愈換愈好，得了解自己在就業市場落在哪一個薪資群組，三十歲前一定要慎選工作，努力有成，擠進中薪組或高薪組，隨著水漲而船高。

二十幾歲薪水低，不是低；三十歲薪水低，就有可能低一輩子。

三十歲，是一生薪水高低的重要分水嶺，如果在這個年紀領的是高於一般水準的薪資，往後都會在一定水平上面，而且有機會愈攀愈高，將差距拉大；但如果領的是低於一般水準，往後薪資很可能就此定型，再往上調薪的機會不大，即使有機會調薪，幅度也有限。

社會發展走向M型化，主要是指所得M型化。終其一生，低薪的人在薪資上變化不大，高薪的人卻一路調薪，最後把差距拉到天差地別的程度，出現M型化的結果。

你一定會在乎，在這個M型中，自己是屬於那一端？

你是哪一種薪資族群？

一般而言，薪水階級概分三個族群，一個是低薪，一個是一般薪資，一個是高薪，在這三個族群中，嚴格說起來，只有兩個族群的薪資會隨著年齡產生變化，即一般薪資族群與高薪族群，而高薪族群的變化最大，往上拉抬的幅度最大，當然面臨中年危機時，下降的幅度也驚人。

二十幾歲時，這三個族群都是剛自學校畢業，踏入社會不久，彼此的能力經歷差異小，薪資差異也不大，大家都是低薪族群，頂多是幾千元至一、兩萬元之別，差距控制在幾成內之譜。

到了三十歲，累積七、八年工作經歷後，薪資開始明顯出現變化，拉大差距，三種薪資族群隱然成形，再經過黃金十年馬拉松賽，四十歲之後則有可能出現幾倍到十幾倍的差距，M型的輪廓就整個形成。

有人說，三歲定終生，講的是智力與個性；那麼，三十歲是薪資定型的年齡，在未來二、三十年職涯裡，是拿低薪、一般薪資或拿高薪，幾幾乎乎可以在三十歲就蓋棺論定。當然，一定有例外，一定有人的薪資曲線和這個社會主流走勢不相符合，但這畢竟是少數人，不在本文的討論裡。

三十歲以後，小心窮慣

有一個年輕人去算命，想知道自己將來會不會有錢？算命的鐵口直斷：「三十歲以前，你不會有錢。」年輕人心裡想，還真準！而且聽起來算命的話裡藏玄機，好像在指自己三十歲以後會出現轉機喔？當下喜形於色，馬上追問：「三十歲以後呢？」算命的淡淡回了一句話：「三十歲以後，你就窮慣了。」

這是我二十幾歲時看過的一個笑話，過了三十年再看這個笑話，才知道不是笑話，是人生的真相！很心酸、很殘酷，卻很真實。

改變三件事，可以拿高薪

三十歲，告別新鮮人的身分，走到必須脫胎換骨，確立未來人生方向的關鍵點，此時很重要的一件事，便是檢視自己的薪資在就業市場上的定位，從自己的價格看自己在市場上的定位，掌握自己究竟屬於低價品、平價品或高價品？

高價品若降價，大家搶著買；低價品要調高價錢，一定乏人問津！除非經過一番調整，重新加強產品力，建立品牌形象，這是一條漫漫長路，可是如果三十歲時不改變，恐怕這一輩子就定型了！

所以，如果在二十幾歲時沒有好好掌握職涯方向，而虛擲了歲月，以致薪水掉在低檔中，三十歲時還來得及調整，未來仍然有機會在薪資上鹹魚翻身。

影響薪資有三個客觀條件：職務、行業、企業，改變其中任何一個條件，都會改變薪資。

以職務來說，有些職務落在低薪群組，努力認真一輩子，所得還是有限。有些職務落在高薪群組，一起步就是在薪資上贏別人幾成或幾倍，具有先天優勢，當然競爭者也多，求職困難度會高於低薪群組。

再來看行業，有些夕陽或新興行業的獲利少，給薪低；有些行業在勢頭上，非常火紅，賺錢容易，給薪會比較大方。進入不同行業，薪資的命運會差很多。

最後是企業，大企業在敘薪上會比小公司多，不過也有小公司老闆為了留人，願意給高薪，所以企業也是影響薪資的一個客觀條件。

這三樣都是外在條件，要拿高薪就必須優先改變它們。但無論如何，薪資高低還要再看一個條件，那就是內在條件，也就是自己的能力與努力。否則外在條件再好，一樣拿不到好薪水，甚至是被炒魷魚。

影響薪資有三個客觀條件：職務、行業、企業，改變其中任何一個條件，都會改變薪資。但無論如何，薪資高低還要再看一個條件，就是內在條件，也就是自己的能力與努力。

想拿高薪，就要有養一片森林的野心

工作愈換愈好，得懂得在年輕時蹲得低，領得了低薪，過得了窮日子，還肯花錢自我投資，把功夫學好，心裡想的不是只種一棵樹，而是要有種一片森林的野心，讓未來薪水翻倍。

不要再花力氣抱怨目前的薪水，那只不過是小錢，未來的錢才是大錢。

Google在台灣的董事總經理簡立峰博士有一次演講時提到，在個人電腦時代，一年創造一億美金的營業額；到了手機時代，一年是十億美金；未來物聯網時代，一年則是一百億美金。

在這個十倍速時代，薪水加級可能不會到十倍，卻也是大錢在後面！可是，年輕人的工作經驗短，總以為目前薪水會從此領一輩子，眼看著物價與房價飛騰，不免心裡發慌……，其實不必！但是從今天起，請換上「創業者思維」：不計較現在的小錢，而要計算未來的大錢。

現在的薪水，不過是小錢

我在人力銀行工作，網站上有一個單元是「魅力工作」，你知道求職者最愛點擊的是哪些工作嗎？

錢，錢，錢，都和錢有關。比如，月薪四萬元以上、年薪保障十四個月、年終獎金兩個月以上、年薪七十萬元以上等等。

我們也經營臉書粉絲團，什麼內容的觸及率最高？不是錢，就是權，除了關心勞工權益不受到剝削外，談薪資怎麼拉高的文章最有人看。

再到PPT看年輕人討論工作，一名國立大學的理工碩士在選擇工程師或高職教師之間徘徊，網友給他的建議只有一個，鼓勵他去高職當教師，還是向錢看齊！理由是教師有可能年薪破百萬元，比中小企業高，而領到終老的退休金比大企業多。

每位上班族都想拿高薪，可是台灣每人平均月薪四萬多元，為什麼多數上班族終其一生無法完成高薪夢？想解開這個謎，請先試做以下計算題：

「一般上班族從工作第一天起，每天都領薪水，而創業者卻從第一天開始賠錢，賠一年、兩年、三年，到最後為什麼創業者賺得多，而上班族賺得少？」

答案是，創業者雖然在過去賠錢，可是在未來會賺很多，在攤平過去的虧損後，還可以多出龐大金額。這個一生賺錢的公式，不斷被證明成功有效，為什麼一般上班族不這麼做？

因為，上班族只看到眼前每月領到的小錢，不放眼未來可以賺到的大錢，或是不去估算未來可能損失更大的金額。

遲來的獎金，創業者都懂得

我的同學Candice是一家出版社老闆，專門出書教導小學生增進國文能力，二十年前創業時一無所有，每天踩著腳踏車到工作室，一個人坐在書桌前，一筆一字的撰寫內容。Candice不知道這些書稿最後是不是能付梓、學生可不可以接受、書局是不是會上架，還有最重要的是會不會賠錢……，未來不可知，也不可測，只有交給老天。

過程中，Candice心無旁騖的寫，心裡只掛記著一件事：「讓孩子看到最好的書」。這類書並非學校要考的科目，在市場一直是冷門，但竟然就在Candice的手中做出經典翻轉，打開一片藍海，成為業界第一人！第一人當然是最大獲利者，所以她賺到大錢。在賺到錢之前，這位同學足足熬了三年，沒有一毛錢進帳。

創業者為什麼不在乎眼前的所得？那是因為他們早早領悟到一個賺錢的道理：「遲來的獎金」，愈早領到獎金，總所得愈少；愈晚領到獎金，總所得愈多。

在餐廳裡，服務生的薪水比廚房三手多，還有小費可領。三年、五年過了，服務生還是服務生，薪水不變，而全身油污、工作勞累的三手卻變成二手，最後坐上主廚的位子，薪水是服務生的兩、三倍以上。

一般上班族只有種一棵樹的概念，但是創業者是養一片森林，他們知道起薪不過是小錢，也不會領一輩子，所以忍痛忽略，將眼光放遠，賺取遲來的獎金！

眼光放遠，賺未來的高薪

清明節，黃先生在墳前燒錢，一邊燒一邊念著：「現在紙錢做得愈來愈像真鈔，讓人燒得好不忍。」這時候，太太來電問他：「你怎麼忘了帶紙錢呢？」黃先生心頭飛過一隻烏鴉……。太太又問他：「我放在桌上的六萬元，怎麼不見了？」後來經過的路人，看到黃先生哭得肝腸寸斷，都說：「沒見過這麼傷心的兒子。」

這是一個笑話，卻發人深省。紙錢是小錢，燒給過去的人；真鈔是大錢，留給未來的人，一般人總是把未來要用的真鈔一把燒掉，以為不過是在燒紙錢，毫不心痛。待一路走到未來，發現沒有真鈔可用，也一無所長，再後悔已經來不及。

年輕人剛起步，必然薪水低，即使跳來跳去不過多加幾千元，還是小錢。不要抱怨，也不要為了一、兩千元換工作，而是選擇有發展性的公司，做有前途的職業，多進修充電，累積人脈，勤奮工作，未來一定能領到高薪，賺到大錢。

沒有價值，就只能賣低價；有價值，就可以賣高價。抱怨薪水低，不會讓人加薪；唯有投資自己，提升價值，倍增競爭力，薪水才會不斷跳高，你做好準備了嗎？

> 年輕人剛起步，必然薪水低，即使跳來跳去不過多加幾千元，還是小錢。不要抱怨，也不要為了一、兩千元換工作，而是選擇有發展性的公司，做有前途的職業，多進修充電，累積人脈，勤奮工作，未來一定能領到高薪，賺到大錢。

升上主管，拿高薪的機會大

工作愈換愈好，得懂得在專業職與管理職做出理性選擇。從薪資的角度來看，管理職比專業職占優勢，不妨大膽接下擔任主管的機會，跳接高薪生涯。

週末假日和幾位離職同事喝咖啡，William在電子業一家上市公司擔任網路設計師一職，自律甚嚴，不論在績效或態度上都堪稱同儕的模範，可是他竟然有些慨嘆的說：

「剛畢業時，一直以為自己會在三十歲前當上主管，但是今年三十四歲，還沒有個影子，眼見升主管似乎遙遙無期，了無希望……。」

三十歲，是升上主管的大限？

有企圖心的年輕人，似乎都存在著「幾歲以前要當上主管」的焦慮。依據調查，台灣年輕人因為受到「三十而立」這個思維的影響，認為最少要在三十歲前躍上主管，否則就太晚，憂心自此被判出局，失去競爭主管這場賽事的入場券。

究竟，趕在三十歲前升為主管，是年輕人的集體想像，還是一個客觀存在的事實？

一位在獵人頭公司服務逾八年的職涯顧問告訴我，這是一個存在的事實！依他的實務經驗，觀察到在三十歲前沒有站上主管缺的上班族，之後要升主管就會顯得困難。換句話說，是不是有當主管的命格，恐怕在三十歲就決定了。

這樣的觀察結果，令人驚駭！

這一代受教育年限拉長，既要念碩士，還要延畢，退伍時都年過二十六歲，摸索方向，不斷換工作，一拖一、兩年，直至二十八歲才有可能穩定下來，卻要在三十歲前當上主管，真是一個可怕的時間壓力，完全不給人喘息！

所以，當有一個主管缺掉在頭上時，還要像頭皮屑一樣輕輕的撥掉嗎？看起來，似乎只有一條路，就是接受它！可是，這對於才踏入職場沒幾年的年輕人來說，不免太沈重，不少人第一個反應是排斥！抗拒！抵死不從！

拒絕當主管，有可能拒絕未來

「主管沒多領多少錢，卻要扛那麼多責任，我不要給自己找麻煩。」

「我的個性不合適當主管，做自己的專業才是我要的。」

「我對職場沒有野心，日子這樣過就好了。」

「我不想捲入權力鬥爭，那會讓工作變得複雜不快樂。」

「我沒當過主管，沒有經驗，擔心自己做不來。」

拒絕當主管的理由林林總總，乍看也都有道理！的確，不是每個人都適合當主管，但是連試都還沒試就推掉機會，你會喪失掉什麼？

四十二歲的竹科工程師 Martin，談到他的個人經驗，值得我們反思。

Martin 退伍後進入職場，學以致用，做的是他最引以為傲的專業，因為表現傑出，他信心滿滿的堅持走專業職，認為這條路發展到頂也可以花開遍野，不必像其他工程師都去擠管理職。從助理工程師一路做上去，歷經資深工程師，花了八年時間爬到頂，做到主任工程師，不過才三十五歲，年輕有為，英姿煥發。

管理職，是最後贏家

可是，一切到此為止，銀幕打出 The End，不必伸手也可以碰到職涯的天花板，不論是職銜或薪資都將不再往上調升，從此變成「萬年工程師」。

相反的，那些技術沒他強的同事，轉換跑道到管理職，四十歲升上協理，薪水多他一倍，官運亨通者甚至在五十歲做到副總，薪水千萬元。

科技大廠的營運，一向受到景氣循環的嚴峻考驗，當公司列出裁員名單時，不是那些肥貓副總們「剉著等」，而是他這位萬年工程師無日不心驚膽跳。

「年輕時，我一廂情願的以為，尊重專業是台灣科技界的一條出路，可是我發現錯了！最後還是管理職是最大的贏家。」Martin 無限感慨的說。

不論這位工程師或獵才顧問，都斬釘截鐵的說：「專業職這一條路不是不通，但只能在外商公司發展，本土企業則萬萬行不通。」Martin 還開玩笑，說他的同學在資訊界有一句順口溜，說明了選擇專業職的悲慘下場：「程式寫得好，要飯要到老。」（不過，這真的是一句玩笑話，因為不論現在或可預見的未來，軟體工程師都是炙手可熱的熱門職業。）

顯然，從現實面來看，在台灣這塊土地，升上主管是不得不的選擇。

新手主管，做不好是正常的事

可是，年輕人都會擔心自己做不來。其實這個擔心是多餘的，因為沒有新手主管是因為管理得好而擢升，反倒都是因為專業做得好才升職，所以大家都沒有管理經驗，一樣輸在起跑點上。

所有做主管的人都知道，這個位子坐久了就像了，這是一個奇妙的結果，卻是實情，也就不必擔心自己沒主管的樣子。除了外商或大企業，會針對明日之星或儲備幹部提供管理上的訓練，一般公司行號都端賴個人的敏感度與學習心。說穿了，大家都是摸著石頭過河，一邊做，一邊學，起初做得不好是正常，不必得失心。

至於是不是要在三十歲前升上主管，並不是問題，也不必給自己這個時間上的壓力，反倒是做好準備，直至機會降臨時，勇敢迎上，雙手擁抱，給自己一個挑戰機會，快速轉大人，邁向另一個高峰！

> **沒有新手主管是因為管理得好而擢升，反倒都是因為專業做得好才升職。大家都是摸著石頭過河，一邊做，一邊學，起初做得不好是正常，不必得失心。**

想要百萬年薪，就要選對工作

工作愈換愈好，得記得選擇大於努力，選擇高薪的職業或行業。如果從事低薪區的行業與職務，卻抱怨低薪，這不是老闆的錯，是自己入錯行。

人事廣告常會看到這一句口號：「百萬年薪不是夢」，實際上，對於多數人而言，百萬年薪是一個夢！

倘若不計入未發送年終獎金的企業，近年景氣好時，台灣企業發放年終獎金平均一點四個月至一點七個月，景氣不好，有時降至一點一個月至一點三個月，換算下來，領得到年終獎金的上班族一年平均領十三個半月，而年薪若要破百萬，則平均月薪必須落在七萬四千元。

這八種職務，躋身百萬俱樂部

根據勞動部二〇一四年的薪資統計，兩百五十三個職務別中，只有八個職務有月薪七萬四千元這個價碼，只占三%，亦即將近九七%職務的上班族根本領不到百萬年薪。從事以下這些職務，半數的人可以拿到百萬年薪，以下是他們的平均月薪：

1 精算師（取得正式資格者）：155,459元

2 高階主管（總經理及總執行長）：128,005元

3醫師：122,264元
4職業運動員：97,551元
5航空機械工程師：84,245元
6中階主管（經理）：80,369元
7財務、經濟及投資分析人員：75,578元
8保險代理人（含保險業務員）：76,487元

在這個百萬年薪俱樂部中，除了兩個是主管職之外，其他五個是專業職，一個是業務職，這三種組成成分，已經充分說明誰才能躋身到百萬年薪圓桌上。其中的五個專業職，老早在高中填寫志願時已經決定命運，現在二、三十歲了，除了保險業務員這個職務可以半路出家，殺出一條血路，其他根本想都別想，輪不到你。

三好一公道，年薪百萬的祕訣

看到這裡，是不是心情沮喪，想放棄年薪百萬的夢想？

倒也不必！不過，你必須找出自己的成功方程式，我建議「三好一公道」，生得好、嫁得好、長得好，最後老天爺便會還給你一個公道價格。

很多書只教你勤奮認真，以為這樣便可以拿高薪，我並不同意這種講法！想想看，清晨掃街的清潔人員風雨無阻，將街頭掃得一乾二淨，可以拿到百萬年薪嗎？用膝蓋想都知道不可能，這個舉例是極端了點，不是要歧視清潔人員，目的是告訴你想拿到高薪前，先要擠進「上流圈」。

【第①個原則】：生得好

給得起年薪百萬元，絕對不是小公司，所以第一個原則是要生得好，生在大企業（上流圈），才有機會拿到這個價碼。如果是中型規模的企業，一定是專業性強的公司，比如律師事務所、智權事務所、廣告公司、ＩＣ設計公司、資訊公司等。

朋友圈裡有一位專門幫老闆找大賣場的設點位置，他們公司的店數在中國數一數二，你知道他的薪水多少嗎？一百八十萬耶！這不是年薪，而是月薪！不是大企業，誰付得起這個價碼？

【第②個原則】：**嫁得好**

職務別決定薪資！工讀生、助理、行政、總務、人事或會計等庶務型職務，知識技能的含量偏低，求職者多，要拿到高薪都難，更不必談到突破百萬大關。所以領高薪的第二個原則是嫁到這三種職務：專業職、業務職、管理職等，在這個上流圈裡，你一定會主動去加強專業技能、累積人脈，並爭取晉升，背負責任。

上個世紀末我在辦廣告獎時，廣告公司多半不到五十人，而創意總監的年薪不只破百萬，甚至高達三百萬，他們有兩點很教我佩服，其一很會得獎，其二很會拿案子，拿到的案量足可養飽一個部門，所以拿高薪的前提是，你必須夠專業！

【第③個原則】：**長得好**

第三個原則是長得好，不是要你長得帥或美，而是要具備以下關鍵能力，讓自己的條件更漂亮醒目，在人才濟濟、競爭激烈的公司裡才有機會被看到或重用！

1 英文力：大企業是和全世界做生意，他們認為的明日之星是可以國際化的人才，英文是最基本的必備條件。

2移動力：可以隨時出差、外派，短則兩、三個月，長則兩、三年，都要能接受在全世界調動的指令，而家人和小孩也要能配合。

3行動力：使用各種行動設備的能力，隨時隨地可以工作或開會，不是只有滑手機而已。

突破百萬年薪不容易，不過絕對值得你努力！因為從月薪兩萬二爬到年薪一百萬是步步艱辛，可是只要跨過百萬關卡，就像坐雲霄飛車一樣，咻的一聲就跨過一百二十萬、一百五十萬、一百八十萬、兩百萬……，這時候，你會懂得「人兩腳，錢四腳」的真義，讓錢來追你吧！

加薪這件事，別等老闆良心發現

工作愈換愈好，得要自己創造加薪機會！覺得績效夠優異，就勇敢開口要求加薪，不要癡等老闆良心發現主動加薪，那會等到白頭，甚至被丟棄。

對於薪水這件事，老闆都很會裝傻，你可不要也跟著發傻。

我認識的Shirley勤奮認真，她在一家化妝品代理商任職，主要是負責與通路聯絡，包括網路或實體店家，並涵蓋國內外通路，由於時差關係，常常把工作帶回家做，晚上還不時接老闆電話，Shirley認為老闆的眼睛是雪亮的，一定會看到。的確！老闆是看到了她的任勞任怨，所以能者多勞，其他同事不想做的爛差事全掉到她頭上。

可是……薪水呢？老闆的眼睛是雪亮的，心卻瞎了，完全沒感受到Shirley一心盼望老闆能主動加薪的心意。

才做過一年，加薪五倍？

「想加薪，就開口去講啊！」同學朋友都這麼勸Shirley。

「我要等老闆主動提，才表示他對我的肯定，這很重要！如果我去提，就沒意思了。」同學朋友一聽，都做昏倒狀……。

Shirley等啊等，一等兩年，只等到兩次全公司加薪，總共三千四百元。和

Shirley 同一梯的 Renee 兩年前離職，換過兩家公司，回鍋後的敘薪比起兩年前足足多出一萬七千元，加薪幅度是 Shirley 的五倍！更讓 Shirley 難受的是，Renee 現在是她的主管。

「不公平！我守著這家公司做死做活，比起那些到處跳槽的人，薪水少、職位低，難道公司都希望我們一一離職嗎？」Shirley 氣憤難當的抱怨，依 Renee 目前的薪水與職位，他至少要再爬十年，「那時候我都四十歲了，說不定 Renee 早已經是總經理。」

「你有去向老闆反映這個不公平嗎？」我問 Shirley。

「老闆的眼睛是雪亮的，難道他看不出來嗎？」Shirley 回答。

這就是癥結所在！老闆當然明白這個道理，可是員工不反映，他就會硬拗成大家都接受這個殘酷的現實。說穿了，不就是「員工發傻，老闆就裝傻」！

你要做阿貓，還是阿狗？

Shirley 認真勤奮，好人沒有好報讓人心疼，氣的是有些老闆還真會欺負好人，尤其忠貞本分、默默耕耘的老員工。不過生氣無濟於事，而是必須認清楚老闆裝傻是普遍的事實，可是做為員工卻不能發傻，變成一名鬱悶不快樂的上班族，更讓人心痛。

Shirley和主管Renee是不同典型的上班族，Shirley預期的職涯發展路線是直線型，相信組織與老闆，認為只要在一家公司穩定發展，表現認真，老闆一定會看得到，給予往上爬升的機會，包括薪水與職位。

這種上班族是狗型，對組織忠誠，穩定度高，沒有訓練就不講規矩，經過訓練後卻很好使喚。他們可以當寵物，非常信賴主人，跟隨在老闆身邊，期待老闆的關愛眼神，隨時丟給一根骨頭就可以喜滋滋啃咬半天，而唯一的戰場是平地。

Renee期待的職涯發展是Z字型，他對公司與老闆不太能信賴，認為一直待在同一家公司的能力與經驗累積有限，薪水與職位只能小幅調動，必須靠跳槽突破瓶頸，因此職涯就這麼跳來跳去，呈現Z字型。

這種上班族是貓型，對自己忠誠，只愛自己，弓著背優雅的走過，理睬主人時靠過來，不想理時離得遠遠的，在意的是自己的履歷是否漂亮，如果需要犒賞，會自己去買一顆鑽戒。很少腳踩平地，而是到處跳躍，屋頂、圍牆……，何處不是家？

年輕時，要做壞壞的貓

最好的人生安排，是狗型員工碰到狗型老闆，相互關愛與提攜，而貓型員工碰到貓型老闆，彼此只看重數字與績效。

可是，人生劇情演出通常不在意料之內，常常是狗型員工碰到貓型老闆，貓型員工碰到狗型老闆，彼此無法打從心底欣賞。

而一般狗型員工都不知道一個悲慘的事實，那就是老闆大部分是貓型，他們會摸摸狗型員工的頭，卻更巴結貓型員工。

年輕時，沒有工作經歷，能力不足，期待老闆看到你的表現並不容易，所以剛畢業的十年不要選擇狗型人生，不要守在一個領域範圍一動也不動，而是要選擇貓型人生，走Z字型職涯路線，開放自己，走出去，一會兒跳高，一會兒跳遠，就是要到處跳，累積視野與經驗，打開格局，找到自己的核心價值。

Z字型看似風光，又是加薪，又是升遷，其實過程一點也不容易，每到一家新公司都必須重新適應，有時會成功，有時會失敗，但那又怎樣呢？年輕就是有跌跤的本錢，跌倒了再爬起來，誰會記得你昨天的傷口？勇敢的走出去吧！

至於當狗型這件事，等到年紀大了、資歷有了，再來做！我們常聽到「老狗相伴」這句話，可沒聽過「老貓相伴」，就是這個道理，狗型是給職場老人做的。

> **剛畢業的十年不要選擇狗型人生，要選擇貓型人生，走Z字型職涯路線，開放自己，走出去，累積視野與經驗，打開格局，找到自己的核心價值。至於當狗型這件事，等到年紀大了、資歷有了，再來做！**

爭取加薪，要說這些話才有用

工作愈換愈好，得要會爭取加薪！老闆每天都在面對員工爭取加薪這種事，對於如何一口回絕非常嫻熟，所以務必掌握技巧與話術，不要弄得薪水沒加到，還一肚子委屈。

找主管或老闆談加薪，是值得鼓勵的事，可是在談之前，要講究策略和戰術，不要莽莽撞撞的直接去敲老闆的門。以下是建議：

談加薪之前，一定要鋪的梗

1 配合度高

台灣企業不論是老闆或員工，都喜歡任勞任怨、高度配合的員工，就是大家愛嘲笑的阿信！可是這種人就是能用、好用、耐用，物超所值！

2 數字漂亮

不要再說「沒有功勞，也有苦勞」這種蠢話，職場就是要做出功勞，拿得出績效表現，還要能數字化。當你開始有數字觀念後，工作方式會跟著改變，不會瞎忙，目標更明確。

3 謙沖有禮

大頭症最討人厭，大家第一個想打的就是這種人！所以當你的表現愈優秀，腰要彎得愈低。謙虛不得罪人，會在必要關頭時救你一命。

4 獨門絕活

在這家公司裡，你一定要有拿手項目是別人取代不了的，比如客戶人脈、廠商關係、外界口碑、超強技術……，這些都是你的靠山。

5 布局一年

加薪不是今天談今天就能成，除非你一年前開始布局。在這一年，請務必臥薪嘗膽，任重道遠，堅忍卓絕的一步一步邁向加薪的終點。

這些加薪理由，不要說

1 我很認真

怪的是，很多人都是這麼向老闆開場的。老闆付薪水，就是要員工認真盡職，這是本分！已經說好做這些工作付這樣薪水，為什麼老闆要多付？

2 我已經兩年沒調薪

在這個時代，年資早和加薪脫勾，兩碼子事！如果工作內容沒改變，績效表現沒有成長，做三年、做十年都是一樣！反而是要謹防做太老了會被替代。

3 別人薪水比我多

公司一般都是要求薪資保密，你怎麼會知道別人薪水？不管用了什麼方法或管道，就是犯大忌！老闆不會跟你說明為什麼別人薪水比較高，這永遠是一個謎。

4 我要負擔家計

誰不負擔家計？連老闆都要養家！父母要請外傭、孩子要補習、車子吃油很兇……，這些都不是老闆家的事，也不是公司裡的事，他不必管！

5 我住得遠

有人會跟老闆算通勤時間和交通費，這對老闆來說是很奇怪的邏輯，他可能會回過頭來反問：「是你要住近一點，或是公司搬到你家隔壁？」

6 不加薪就離職

這是威脅！老闆都是硬頸一族，吃軟不吃硬，你的挑釁會逼得他出手，立馬批了辭呈，讓你弄假成真，結果你不是沒加薪而已，還鬧成失業在家吃自己。

談加薪時，跟老闆這麼說就對了

1 拿出你的績效報表

這份報表的重點，是和去年同期做比較後，成長的百分比。

2 秀出業界的薪資行情

依照規定，你不可以打探公司其他同仁的薪資，當然是提出其他公司的薪資行情。相信我，老闆一定會有興趣，他們也都想知道別人的行情！

3 讓老闆知道有人在高薪挖你

這點非常管用！但是建議你不必說出是哪家公司在挖你，免得你老闆有認識，一通電話擺平，弄得你兩頭空。

4 明確提出加薪金額

想加薪多少要有上限與下限，不能任由老闆開價或殺價。一般而言，可以依照行情提出加一〇%至二〇%。

老闆提出的折衷辦法，可以考慮

這時候，你一定要能接受兩種狀況，才能讓加薪這件事有個圓滿結局。

1 接受階梯式的加薪

達到不同階段的目標，拿不同階段的薪水或獎金。

2 接受津貼或獎金

薪資標準是公司制度，不容易為你一個人調薪，但是津貼或獎金卻可以個別安排。

最後，當老闆拒絕加薪時，心情真尷尬，還有一種受羞辱的感覺，不過這些心情或感覺都是多餘的，因為不加薪有種種原因，可能沒有一個原因是和你相關，所以不加薪並非表示老闆不欣賞你、不肯定你、不重用你。收拾起挫折的心情，繼續工作吧！如果仍然不滿意薪資，就向外求一個好買家。

頭銜一定要漂亮

工作愈換愈好，得懂得爭取漂亮職銜，讓自己有地位、有聲望，除了做事方便外，在未來轉換跑道時，也容易拿到較高的職位與薪水。

職銜，是你的第二個名字，也是你在職場的定位，並決定別人看你的眼光。兒子三歲時，辦公室有一個家庭活動，我帶他參加，結果他氣呼呼的跟我說：「你的同事都不認識你的名字嗎？怎麼他們都叫你經理？」是啊！那時候我在辦公室的名字是經理，現在名字是副總，有人來電要找洪雪珍時，新來的總機還會問同事：「誰是洪雪珍？」因為他沒聽過有人直呼我的姓名。如果職銜幾乎變成你的第二個名字，那麼就讓它漂亮一點！高檔一點！

轉換跑道，除了薪水之外，大家最在意的便是職銜。別人不會知道你的薪水高或低，但是從職銜可以知道你的重要性，這對有企圖心的人來說，是奮鬥的目標、競爭的動力！可是，職銜一直是虛虛實實，現在又花樣百出，怎麼談才能爭取到漂亮、又有實權的職銜？

首先，要認清楚職銜的第一個特性是因地制宜。一個人在職場的重要性，光是看職銜會失準！職銜的比較，必須在同一個國籍、同一個產業、同一家企業，才會有參考價值。特別是在不同國籍的企業，職銜的膨風程度差很大，一般而言，美商大於台商，台商大於日商，命名的方式也很不同。

他留學回來，三十歲坐上副總裁大位

那年我三十五歲，Robin三十歲，我是一家大報社的行銷經理，他是一個大品牌的行銷副總裁，而我要向他提案做簡報，爭取季度預算兩百萬元，後面跟了一名業務、一名企畫與一名活動人員，總共四個人的陣仗，他卻只有一人出馬聽取簡報。

比品牌的全球知名度，我輸了！再比名片上的頭銜，我根本只有一個念頭想溜。還好出門之前，我的主管特別給我心理建設，告訴我：

「別被他們的品牌和頭銜嚇到了，品牌是真的，頭銜則不見得是真的。」

一看Robin只有一人應戰，我估算他這位副總裁頂多管兩人，一個是工讀生，坐不到會議桌上，一個是企畫，必須留守位子，他呢，只好自己開會、自己評估、自己交辦，甚至要自己執行，和我們企畫主任的工作性質差不多，那麼我這個經理還怕他個啥呢？

把他打量清楚也摸好底之後，我便頭一抬、胸一挺，字字鏗鏘有力的吐出，用氣勢嚇死這隻紙老虎，中間還演個橋段、說個笑話，一派氣定神閒將這隻嫩老虎震住，奉我為神。結果，這個案子搞定，多拿五十萬預算。

半澤直樹爬了十九年，四十一歲升上課長

相反的，有一次我和業務經理一起拜訪國營事業，來和我們談話的是一位鬢邊花白的中年男性，客氣有禮，行為舉止之間透著威儀，遞出來名片的頭銜竟是專員，我心裡想：

「都一把年紀了，還在做專員？這家國營事業是大型企業，怎麼會派個專員和我們談這麼大的事呢？」

業務經理見多識廣，馬上洞察到我的疑問，悄悄跟我咬耳朵說：

「專員很大，不輸我們的經理，至少要熬十年才坐得到這個位子。」

日本企業也差不多！在日劇「半澤直樹」裡，半澤二十二歲進入銀行，直到四十一歲升上融資部課長，偌大辦公室幾十人全歸他管轄調度，這如果在美商恐怕早就掛上「融資事業群總經理」的響叮噹頭銜，而在台灣，應該也找不到有年輕人願意在努力奮鬥十九年後，名片上只是印著區區的課長職銜。

總之，爭取職銜時，必須先看看國籍、產業、企業，無法一概而論。通常，重視傳統、講究依年資敘薪的國家、產業與企業，給職銜時比較小氣，可以爭取、但成功率低；而歐美國家、新興行業或新創企業，給職銜則較大方，可以儘量爭取，給不出來時，他們會發明一個給你。

學習長、啤酒長……是啥米碗糕

職銜的第二個特性是有虛有實。如果只是要職銜漂亮，走路有風，提供一個跳板有助未來加薪，就不必在意它只是一個虛名。但是，若想好好打一場仗，建立彪炳戰功，就必須考慮有無實權，包括管理人數及可支配資源。

我念EMBA時是一九九九年，正是網路風起雲湧、也瀕臨泡沫的那一年，班上同學的職銜變化異常快速，他們原來是業務、財務、人資等部門副總經理，一下子都換成長字輩，營運長、財務長、資訊長、人資長……，既脫離副官的尷尬，又增加總管的威嚴，的確予人濃濃的高升意味，同學也都一副意氣風發的模樣。

可見得老闆都是這樣給頭銜的，升不上去時就換一個職銜，以示尊重和肯定，目的在按撫人心，比如：副總經理加上「資深」二字，好像比副總經理高一級，其實是虛的。

在人資部門裡負責教育訓練，做再好也不會坐上人資長的位子，很可能會被安上「學習長」的職銜，這也是虛的。甚至有一家餐廳給了「啤酒長」這樣的頭銜，不過是教客人點餐搭配哪一款啤酒，這就更虛！

不過，職銜虛不虛，只有關起門來大家心知肚明，對於門外看熱鬧的人還是有其鍍金意義，所以加個漂亮的虛名無可厚非，自己聽起來悅耳，做事也方便些。

董事長不是老闆，經理才是老闆

職銜的第三個特性是放煙霧彈，光是從職銜來看，有時真不知道誰才是老大！一般人會以為董字輩大於總字輩，總字輩大於理字輩，實情可能是正好相反。

我認識一位廣告公司總經理，後來升為董事，原來以為這是高升，本來想敲竹槓要他請客，業務經理知道後馬上潑冷水，我這才清醒過來，原來外商廣告是總經理制，總經理握有實權，是真正背負公司成敗的關鍵人物，相對的，董事只是樣板人物，負責做公關、出席公會做代表、和大客戶應酬等，目的是分擔總經理的例行性事務。董事責任小、事情少，當然在薪水、津貼與紅利上都不能和總經理相提並論。

特別是在台灣，有些老闆怕出事要上法庭，董事長都是安排人頭掛名；甚至有的老闆只掛名經理，讓廠商以為背後還有一位高高在上、運籌帷幄的藏鏡人老闆，自己的談判空間就變得彈性很大。拿到名片時，別勢利眼或拍錯馬屁，因為有可能董事長不過是一名員工，而經理才是真正老闆。因此，當企業給一個高高的職銜，很可能不安好心，要這個人去當炮灰，也別樂昏頭。

小心「彼得原理」發生在你身上

一般人會認為，職銜當然是爭取得愈高愈好，因為薪水也會跟著墊高，不過，仍然必須注意到兩個問題：

1彼得原理：管理學裡有一個「彼得原理」，指一個人會升遷到最後一個位子是他無法勝任的，變成組織裡的障礙物，很快就會被判出局。所以，適才適任是最好，急於追求薪資與職銜，有可能提早斷送前途。

2阻礙轉職：太年輕就頂個高高的頭銜，在轉職時也許會嚇到企業，可以選擇的職缺範圍會相對窄化，這就是有人在履歷上會把職銜自動降一級的原因。

在要求職銜的同時，你準備實力及迎接挑戰了嗎？如果答案是肯定，就開口去爭取你應該得到的！

如果只是要職銜漂亮，走路有風，提供一個跳板有助未來加薪，就不必在意它只是一個虛名。但是，若想好好打一場仗，建立彪炳戰功，就必須考慮有無實權，包括管理人數及可支配資源。

換個腦袋
當空降主管

工作要愈換愈好，得適時當空降主管，但既要受到全民愛戴，還要做出漂亮成績，並不是一件容易事，所以要謹記先做人，再做事的原則。

當主管不是一件容易的事，需要很多學習。空降到一個新環境當主管，更難！但是在有一定資歷以後，空降當主管會變成職涯的常態，宜儘早學習正確的心態與觀念，使每次的轉身都可以再上一層樓。

第一個錯誤：自以為是救世主

打從一開始，空降主管很可能已經被嚴重誤導，走向一條錯誤的路！主要原因是對於新公司處於資訊不對稱的不利位置，加上三顧茅廬的老闆不斷畫大餅，在空降主管的腦裡植入不符事實的想像，使得日後的行為一步錯步步錯。

一般來說，老闆在挖角時，都愛給對方充氣，製造救世主的幻象，殊不知讓對方不自覺的高人一等，想要快速證明自己，以致讓空降主管「步入歧途」。

「你得救這個老部門！換掉老臣，延攬新血，進行人員汰換……。」

「沒有你不行！請你拿出新辦法，讓組織煥然一新，衝刺出高業績……。」

「一切都靠你了！幫忙設一個新部門，殺出一條血路，給大家樹立新典範……。」

一旦被交付這樣的重責大任，都會激發出偉大的想像與昂然的鬥志，於是空降主管決定騎馬出征，對未來滿懷憧憬，對自己充滿信心，覺得只要堅定意志，努力以赴，將無所不能，達成目標，殺死噴火龍。

可是，一路快馬奔波騎到城堡，左顧右盼卻遍尋不著噴火龍，倒是像《格列佛遊記》裡的主人翁被一群小人五花大綁，動也不能動，任由他們爬上爬下，作弄自己、羞辱自己，最後寄以厚望的老闆走過來，看著你搖搖頭說：「也不過爾爾。」

第二個錯誤：以為是要去做大事

三十二歲的Roger一畢業就在紡織業的外銷廠任職，他在老東家是一顆明日之星，聰明能幹、努力勤奮，績效亮眼，受到高度肯定。新東家在打聽到Roger年輕有為之後，一而再、再而三的挖角，終於說動他跳槽。上任時，Roger滿臉光彩，三個月後卻像鬥敗公雞般垂頭喪氣。

「我這麼專業有能力，可是他們並不買單。」

「不是要我來改革嗎？怎麼都不配合？」

「我有很多的想法，可是窒礙難行，完全推動不了。」

聽得出來，Roger犯了空降主管常見的毛病，以為自己是來拯救這家公司，報到後立即拿出十八般武藝，一心一意想要快速做出績效，向全世界證明自己，不幸的是，他先讓自己得罪了全世界。

可是，救世主怎麼可能犯錯？於是Roger通通歸罪於別人有問題，他抱怨屬下腦筋不變通，消極抵制，以致新計畫推動不力，績效不彰。而對於老闆，他也有一肚子牢騷，答應給的資源沒有兌現，讓他腹背受敵，無法全力以赴，達成目標。

再一個月後，Roger離職了，因為他大感受騙，覺得這家公司根本無心改革。而我從側面聽到的，竟然是公司認為Roger剛愎自用，提出的想法都是打高空。

三個做法，收服人心

同一件事，怎麼兩造的認知竟然差到如此之大？原因出在Roger身上，因為他搞錯優先順序！

空降主管要成就感，屬下要安全感，Roger錯在先滿足自己的成就感，相反的，他只要像熟練的媽媽，掌握以下三個原則，當做安撫奶嘴塞給屬下，便足以撫慰躁動不安的辦公室情緒。

【第①個原則】：先不談新計畫，讓屬下安心

新計畫只會帶來排斥，在空降主管和屬下之間築起高牆。對於屬下來說，來一位新主管已經夠讓人擔心害怕，新計畫只會雪上加霜，讓他們以為飯碗不保。

【第②個原則】：先不談理想抱負，讓自己歸零

去除救世主的心態，不再高人一等鳥瞰屬下，而是蹲下來和他們同一高度，看到新公司的真實面貌，了解屬下碰到的困境，給予務實的協助。

【第③個原則】：先收服人心，讓大家信任

不是討好，也不是放任，而是以過來人豐富的經驗，提供必要支援，協助屬下的工作有進展，贏得好成績，他們就會打從心底佩服，將心交到主管手上。

三個難題，做好取捨

空降主管在帶領屬下時，還會碰到三道難題，不易取捨。但是，一旦做出正確的取捨之後，管理就會變得順暢容易。

【難題①】：人心VS績效

空降主管一到公司，大家都等著看好戲，想秤秤他有幾斤幾兩重，可以做出一番什麼成績，足見要面對的績效壓力極大。即使如此，仍請你按捺住焦急的心情，謹記一個人的能力再強，頂多做到兩、三個人份的績效，所以先放下績效不談，收服人心才是第一要事。有人無心，照樣辦不了事，重點是抓住屬下的心！

【難題②】：自己人VS舊人

有些空降主管會想要帶著自己的人馬赴任，不過最好不要一開始就帶，避免把新公司的員工劃在「自己人」之外。不是主管的自己人，會讓人感到被排擠與冷落，或恐懼位子將被奪走，這些情緒都會帶來消極抵制或公然反抗。

【難題③】：新制度VS舊制度

一般人對於空降主管，心情不脫兩種，不是恐懼猜忌，就是嫉妒排斥，人心難免浮動焦躁，所以千萬不要提油澆火，而是一切蕭規曹隨，安定人心為上。直到完全摸熟，可以做出正確判斷時，再來提出新辦法，被接受的程度會較高。

人，人，人，最重要！心，心，心，先抓住！空降主管掌握這個要領，位子就可以坐得安穩。人心穩定之後，數字績效自然就會展現，竟然不需要太費力氣！

人，人，人，最重要！心，心，心，先抓住！空降主管掌握這個要領，這個位子就可以坐得安穩。人心穩定之後，數字績效自然就會展現，竟然不需要太費力氣！

打死就是要做業務，才會賺得多

工作愈換愈好，得要能接受工作帶有業務性質，它不是妥協，而是拓寬生涯這條路，既可以從事理想職務，也可以拿到較高薪水。

做業務，不只是一個職務，已經蛻變成為一種能力！如果再堅持「我最討厭做業務，絕對不做業務」，極有可能因此錯過理想工作，或是讓薪資停滯不升，甚至失業。

人力銀行開出來的職缺，三成是業務員，事實上，不只三成！因為有太多開出來的職缺雖然名稱沒有「業務」二字，工作內容卻必須兼做業務。對於企業或個人，這都是一個退而求其次的妥協，企業有人兼著做業務，可以多掙一些營收，有助於永續經營，而個人多賺些獎金，還藉此保全工作。

愈來愈多職缺，都要兼做業務

工作世界悄悄在改變，上班族對「業務」的觀念必須跟著變，提高接受度。以前，年輕人最不想做的工作就是業務，學歷愈高者愈排斥做業務，導致有些企業用了最爛的方式，連哄帶騙將求職者拐來做業務。結果呢？不論勞動局或人力銀行不時會接到求職者客訴廣告不實，或直批是求職陷阱，要求政府或人力銀行必須出面處理，給予懲罰。

「職務說明並未提到做業務，報到之後卻要求做業務，怎麼會如此惡質？」

各行各業中，銀行是最早淪陷的行業！早期大家考銀行是求穩定，沒想到風雲變色，上了幾年班之後，被要求賣保險與基金，還要推信用卡，業績做不到時，就拿自己和家人當人頭，過了閉鎖期再贖回，還得承擔期間的虧損，不得不自我安慰：「當做保住工作的保護費吧！」

這些行員在參加招考或剛上班那幾年，想都沒想到有一天要兼做業務，是銀行故意騙他們的嗎？並不是，是這個行業為了生存而出此下策，為了感召員工都有這個共識，還喊出一個漂亮口號：「全員行銷」。

現在，其他行業也「潦落去」。

網頁設計師不領底薪，拿專案分紅

某次，在一個場合和一家網站設計公司的老闆聊起來，因為我們公司在找網頁設計師，便想了解他們公司的網頁設計師領多少薪水，她用手指比一個交叉的十字，遠高於我知道的行情水準，著實愣了一下，再追問是十萬嗎？她點點頭，告訴我這是他們公司裡設計師的平均行情，有人甚至領到十四萬元。

「我不是問程式設計師的薪資，是問網頁設計師。」我再度向她確認。

「是啊，網頁設計師月領十萬元。至於程式設計師，更貴！請不起！我們都採取外包。」

這位老闆向我說明這個職務的現況：「要自己拿專案並顧好客戶，才有錢賺。」在他的公司，網頁設計師不領底薪，和房仲公司的業務一樣，全都靠獎金與分紅。

連最具藝術家性格的設計師都失守了，更不用說其他職業老早就蒙上業務色彩！

一開始都會排斥，最後不得不接受

James在大學念會計系，也做了五年會計，最後他放棄這個學以致用的職務，選擇熱愛的健身工作，在健身中心當起教練。剛踏入這一行時，非常不適應，竟然要負責招生！第一個反應是排斥，心想既做教練，又做業務，怎麼在學員心中建立起威嚴？怎麼嚴格要求落實健身計畫？後來James發現這一行的生態就是如此，大家不以為怪，他也就慢慢可以接受。

當會計時，薪水三萬多元，現在當健身教練，旺季時，連同獎金領十至二十萬元，James很滿意做了這個正確的職涯選擇。

「比起只做教練，可以多賺獎金；比起只做業務，壓力不那麼直接。」James覺得兼做業務的健身教練是一個進可攻、退可守的職業，讓他賺得多又有安全感。

是福不是禍，是禍躲不過。兼做業務，愈來愈躲不了。

三十五歲的Urania在公司做了十年的行政，月薪三萬多元，有一天一位業務員離職，放下一堆忠實客戶像孤兒般沒人照顧，老闆要Urania接手卻被拒，因為「我就是不想做業務，才做行政。」結果新人一來就月領十二萬元。

最近Urania告訴我：「排斥沒有用，最後還是要兼做業務！因為產業生態改變，業績縮小，如果不做業務，連行政都做不了。」

可是，錯過上次的時機點，雖然還是做業務，卻必須做陌生開發，導致業績不佳，獎金領得少。

契機，藏在轉型的痛苦裡

當然，兼做業務對於很多人來說，不符合性格與志趣，相當痛苦，但是在日益競爭的此時此刻，兼做業務逼得自己要跨領域學習，等於是打開一扇窗，避免被社會淘汰，倒也是一個意外的收獲。

我有一位同事原來任職客服，後來離職改做美甲，靠行在老師的店裡，可厲害得很！不僅很會招攬生意、和客人培養關係，還開了臉書粉絲團經營自媒體，雖然壓力很大，但是總覺得不論是客源或技術都是自己的，比起做上班族，有安全感多了。

時勢所趨，就張開雙手迎向前去吧！它是一個磨練，也是一個學習，更是一個轉型的契機，也許你會發現前所未知的潛能，或找到職場的第二個春天。祝福你！

第三部

掌握換工作的最佳時機

離職是一句狠話，不是笑話

工作愈換愈好，得能誠實面對自己，跟著自己的心走，做好生涯規畫，為了更好的人生而主動離職，而不是整天嚷嚷著要離職，卻是待得最久的那個人。

退出政壇，是政治人物最常掛在嘴邊的話，尤其是選舉時期，為博取同情心，爭取選票，常見到對天發誓：「若是敗選，從此退出政壇。」可是一陣子以後，又看到他們活躍的身影。

中研院院士朱敬一曾寫文章，分析政治人物為什麼難以退出政壇，他舉出三個原因，一是專業退化，二是難耐寂寞，三是不適卑微，結尾還來一記回馬槍，指稱日本人說退休男人是大型垃圾，那麼，說退未退的政治人物又是什麼？（我想，你也知道朱敬一肚子裡的答案）

這類嚷嚷著要退卻未退的人，在職場也多得是。

抱怨最多，卻待最久

粉絲Miles來信抱怨前一份工作的主管，在職期間，他不斷被主管找去大吐苦水，聽他罵公司爛、說老闆差，這裡不順眼，那裡未清心……，兩年下來，搞得Miles心煩氣躁，不斷問自己：

「公司這麼爛、老闆這麼差，而我的主管老是嚷著要離職，到底能不能再做下去？」

去年初終於忍不下去，毅然決然決定比主管早走一步，離職去了。

到了新公司，兩相比較之後，Miles覺得前公司還不錯，老闆也有可取之處，並不像主管說得那般無可救藥。哪裡知道，這一年來，主管仍然時不時在臉書敲他，繼續無止盡的抱怨。至此Miles才知道，主管生性愛抱怨，自己不過是他的抒發管道。

聽久了，負面能量很大，Miles希望能中止和主管這段「非正常的地下關係」，問我怎麼處理，將來仍然可以江湖好相見。同時，他也很不解的問道：

「為什麼那些整天嚷嚷著要離職的人，結果卻是公司裡待得最久的人？」

會叫的狗不咬人

這個問句，應該引起很多人的共鳴，接著腦海裡會浮現出一句罵人的俚語：「會叫的狗不會咬人，咬人的狗不會叫」。

有一個人養了兩隻狗，一隻是博美狗，從寵物店買來的，一隻是台灣正宗土狗，從路邊撿來的流浪狗。當客人來時，這兩隻狗的反應截然不同。

博美狗是打從遠遠嗅到客人要上門，就雞貓子亂叫，叫個不停，全身躁動不安，一直叫到客人離去為止。土狗完全不是，從頭到尾不吭不聲，只是盯著客人，但是如果客人進門時沒有帶任何東西，離去時卻手上有東西，它就會一口咬住客人的後腳跟不放。

公司裡，談到離職這件事，大致上也可以分為這兩種人，一種是博美狗型，每天嚷嚷著要離職，卻待得最久，拖拖拉拉，像裹腳布又臭又長；另一種是土狗型，沒聽過他們要離職，從頭到尾不動聲色，時間一到拍拍屁股走人，毫不留戀，出手快、狠、準，一等一的超級殺手！

對公司的管理來說，博美狗型的人最要不得！他們散播有毒的思想，侵入同事的腦子裡，降低對公司的認同，以及弱化做事的積極性，搞得烏煙瘴氣，弄得大家紛紛離職他去。可怕的是，他們卻是公司裡的「白頭宮女」，留得最久，造成的傷害也最大。

遲遲不做決定，只是浪費生命

其實，他們只是一群習慣抱怨的人罷了，總是在找抒發情緒的出口，只要有人傾聽或附和，就愈說愈來電。對他們而言，傾吐心聲是一種療癒方式，說完就算了，並未打算解決問題。如果有人認真，開始費心費力幫忙找解決問題的方法，那是關心錯人了！

其次，這些人根本不想離職。真的想離職的人，哪個不是保密防諜，綿密不透風，免得破壞布局。至於不想離職的原因很簡單，當然是有些好處讓他們捨不得放棄，比如：可以準時下班、工作壓力不大、薪水還不錯、同事相處融洽等，另外的原因是缺乏勇氣離職，不敢離開舒適窩，重新適應新環境。

請提醒自己，不要變成這樣的人！既無法忠於自己，也浪費生命，遲遲不做決定，即使不開心也要繼續待著，令人感到悲哀。

對於公司，誰都會有牢騷；對於主管，誰都會有怨言；對於薪資，誰都會有不滿……，但是一個成熟的人應該懂得處理自己的情緒，而不是逢人訴苦，變成一個討厭鬼。

所以，在處理情緒時，何不從「請你聽我說」改成「試著寫下來」，透過書寫，與自我對話，將問題做一番整理，更可以達到自我療傷的目的。

最後請記得，離職是一句狠話，如果常說就會變成一句笑話，別讓大家在背後笑說「不過是一隻會叫的狗」。

在處理情緒時，何不從「請你聽我說」改成「試著寫下來」，透過書寫，與自我對話，將問題做一番整理，更可以達到自我療傷的目的。

同事都走了，換你坐大位

工作愈換愈好，得懂得判斷哪個時機對自己最有利。農曆年後轉職潮，同事陸續離職，空出一些肥缺、爽缺、好缺，以及主管缺，請抓緊良機趕快卡位，更上一層樓，站到制高點。

農曆年後，辦公室的同事陸續歸隊，但也同時上演陸續離隊。一個遞出辭呈、兩個、三個……，一直都有人在辦理離職與交接，有的是同部門，有的是其他部門，每天都有耳語飄進來，有誰到哪裡高就，有誰拿到高薪，有誰出國工作，即使你還是喜歡目前的工作，還想在這家公司歷練一、兩年，卻逐漸坐立難安，好像再按兵不動，沒搭上這班列車就顯得有些「不合時宜」。

「你怎麼還在？別弄到最後全部門只剩你一個人……。」同事之間的打趣說笑，竟成了有意無意的嘲諷，說者無心，聽者有意，回到家後徹夜輾轉難眠。

整顆腦袋想的無非是，「怎麼一個一個離職了，這家公司是不是有問題？」「大家都另有高就，是不是外面公司比較好？」「我還留下來，會不會被當做沒行情？」「如果再不動，好工作就被大家搶光？」這些念頭，無時無刻鑽進心窩咬嚙著你。

主管下場，就是你上場的時候

特別是優秀同事或直屬主管離職，一般人更是東想西想：「連這麼優秀的人都另擇良木而棲，表示我們公司是朽木嗎？」「連主管都待不下去，表示他早一步看出公司有狀況？」杯弓蛇影的結果，對於公司諸事開始不順眼，處處挑剔，而這些負面能量不斷強化，在內心產生自我說服的效果，久而久之也興起離去的念頭。

這種情形很常見，他們是一般人，容易被別人牽著鼻子走。

想想看，一家公司怎麼可能過完一個年就變好或變壞？其實是一般人對於職涯缺乏明確規畫，選擇公司沒有中心思想，以致一個風吹草動便左顧右盼，猶豫著是不是也要跟著離職，這樣的人終其一生都在工作與工作之間流浪著。

可是，有企圖心的人不會這麼想。他們認為，好不容易盼到優秀同事與直屬主管下場，終於輪到自己上場！站上能見度最高的舞台，卡到聚光燈照得到的位置，讓台下觀眾欣賞到自己苦練多年的十八般武藝，這可是千載難逢的好機會！

板凳球員都在等這一刻：隊友受傷下場

有時候，你是不是會覺得想不通？你和他一樣努力，結果是他的表現突出，過去你會檢討自己的能力，現在何妨換另一個角度，檢討自己的位子吧！有些同事之所以優秀、主管之所以當主管，是因為他們占到有利的缺。這些人一旦離職，就會掉大客戶或出大狀況，將企業逼上生死存亡關頭，所以他們占的是有利位子！

當碰到這個危急時刻，公司點兵的首要對象一定是自家人，自家人的好處是駕輕就熟，可以快速接手，即戰力最強，不容易出錯，使公司雪上加霜。

這些缺，因為是最佳攻防位置，進則可以建立功勞，退則可以明哲保身，一旦站上這個缺通常不太會讓出來。現在終於釋放，當然搶破頭都要遞補上去，只有心無大志的跟屁蟲會選擇在這個絕佳時刻離職。

很多明星，就是這樣變成明星的。

林書豪在創造林來瘋現象之前，坐了很久的冷板凳，那一天尼克隊傷兵多，教練讓林書豪上場其實是百般無奈，沒想到林書豪一戰成名。球場是殘酷的，板凳球員等的無非是隊友受傷下場的那一刻，上場證明自己，才有機會出頭天。

卡到有利位子，再來談離職

「戲棚腳下，站久就是你的」這句俗諺，指的是野台戲剛開鑼時，會圍上一堆觀眾，但是劇情一開始鬆散，觀眾沒看出所以然，覺得沒意思便漸漸離開，後面的人順勢補到有利位置，而劇情隨著時間的鋪陳愈趨緊湊精彩，先離去的人沒看到好戲，受惠的是留下來的人。

在職場中，菜鳥沒有經驗，一開始只能擠在人群後面，看不到戲台，直到有人離開才能卡到有利位子，所以熬得住是職場生涯中的重要修養。

所謂有利位子，指的是掌握重要客戶或核心產品的位子，它們是個人價值往上升級的跳板，也是未來談離職的本錢，和新東家談判薪水或職銜的籌碼。而沒卡到位子就輕率離職的一般人，沒有功績、沒有職銜，無足輕重，無法跳高跳遠，到新東家不過是回到原點，這種離職毫無價值可言。

別人離職，正是卡位的好時機。

請沈住氣，在任何一家公司都請務必先卡到好位子，做出績效表現，升到一定位階，再來談離職吧！因此，離職和別人無關，別讓其他人影響你的職涯規畫。

有利位子指的是，掌握重要客戶或核心產品的位子，它們是個人價值往上升級的跳板，也是未來談離職的本錢，和新東家談判薪水或職銜的籌碼。

考績差，負氣離職最不智

工作愈換愈好，得懂得離職的原因永遠只有一個，就是有下一個更好的工作，千萬不要為了某一個人或某一件事而負氣離職，這是不智的行為。人的胸襟是委屈撐大的，委屈會讓你成長壯大。

這是一家電器製造商，也做品牌，內銷與外銷都有，Ben與Rosalie在業務部門，公司剛剛打完考績，也公布每個人的年終獎金金額，部門裡呈現出幾家歡樂幾家愁的兩番情。

「算了，反正沒人肯定，過完年就離職吧！」Ben一臉臭臭的，因為年終獎金比預期少半個月，他原來以為可以拿A，哪兒知道是拿B^+，一肚子叉叉，心裡想說認真本分一年，不遲到、也少請假，主管並不領情，覺得自己不夠好，只配領B^+。

就在這個時候，隔壁座位的Rosalie竟然拿著存摺，開心的笑了出來，「吔，我這輩子第一次拿到這麼好的考績，呵呵，今年可以出國玩了！」

考績是騙人的？

Ben沒好氣的問Rosalie拿到什麼考績，答案是B^+，第一個閃過Ben腦子的想法是Rosalie瘋了，也不過是B^+還這麼開心，也不想想上面還有A與A^+。第二個冒出來的念頭是，怎麼Rosalie和他拿一樣的考績？一個月總要請假一天，從來不用責任制、不加班，還到主管位子去串門子說笑，一點都沒有上班樣！而且Rosalie的業績沒有Ben好，這是讓Ben最不解之處。

「不是要比數字嗎？」Ben抱怨的說：「怎麼業績好的和差的，拿到的考績是一樣？這個考績騙人，打假的！」

Ben本來只是委屈，現在是憤怒，他認為主管偏袒、不公平，喜歡Rosalie這種會放電的狐狸精，而且「搞不好他們私底下有一段」！

可是Ben只敢私底下嘟嘟囔囔，沒膽子去向主管申訴。過年前，做起事來有一搭沒一搭，過年期間上網投履歷，過年後沒幾天就遞辭呈，誰都看得出來他是負氣離職。

Ben離職後，Rosalie接手工作，一人當兩人用，竟也忙得過來，做得有聲有色，很快升遷當小主管，薪水也加了幾千元。而Ben呢？到新公司才發現，原來老東家是人間天堂，他竟不要命的走進人間地獄。可憐的是，他因為讓氣憤沖昏頭，急得證明「爺兒們自有地方去」，薪水和老東家一樣，並沒有更高。

負氣離職的後果

過去在老東家，Ben資深享有優渥待遇，比如星期六、日不必排班，晚上加班輪不到他，負責業績最好的區域，門市主管的能力強、態度佳，Ben的日子好過，卻視為理所當然不珍惜。等到了新公司，既不是新人，也沒人當他是菜鳥，自然是把最難搞定的區域丟給他負責，弄得他晚上加班，星期假日不得閒，業績卻始終拉不起來。

於是Ben想要回鍋，放出風向球試探，傳回來的話竟是，「Ben只能做半個人的工作，太貴了！」Ben這才知道自己在老東家的評價是這樣低，B^+這個考績算是給足面子，他竟不知足而提出離職，正中主管下懷，讓他一路好走，留也沒留。

進退維谷，Ben不得不被震醒，仔細檢討後，發現自己犯了兩個錯誤：

1不應該負氣離職：換公司時沒有充裕時間做比較與判斷，以致錯判新公司與新工作。

2不應該不問原因：考績好或壞都是一個重要參考，背後的理由都可以幫助自己明白公司的期待、主管的要求，以及工作的重點，應該婉轉向主管了解考績差的原因。

影響考績有四個因素

打完考績，永遠是幾家歡樂幾家愁，打高了表示受肯定，打低了表示沒被認可，其實也不盡然如此，如果能對打考績有一個正確的認識，在拿到低考績時會比較坦然接受，不致憤而離職。

考績是就每個職位的任務目標來打，業務職和業務職相比較，工程師和工程師比較，在相同職位裡做高低排比。Ben 拿自己和 Rosalie 相比是對的，因為他們做的都是區域督導的工作。

其次要看績效，不同職位有不同任務目標，都有達標的數字。Ben 認為自己的業績比 Rosalie 好，應該拿的考績較高，也是對的觀念。

第三看工作困難度，Ben 負責老區，業績好主要是扎根久，而 Rosalie 負責新區，業績不好是因為新市場，這時候就要比較成長率，在這一點上，Rosalie 遠高於Ben。不過，仍然要考量到Ben的基期大，以及區域發展到達成熟期等因素。

最後是看工作態度與敬業精神，Ben認真負責，但是很少到主管面前走動，主管常常很疑惑他究竟在忙些什麼；而Rosalie不同，他會主動向主管回報，並提出問題請示主管，在主管心裡留下主動積極的觀感。

考績是一面鏡子，照見的不是自己看到的你，而是主管看到的你，而主管就是按照以上四個因素在評估你的績效，新的一年就抓緊這四大項辦了吧！

> 考績好或壞都是一個重要參考，背後的理由都可以幫助自己明白公司的期待、主管的要求，以及工作的重點，應該婉轉向主管了解考績差的原因。

漂亮轉身，江湖好相見

工作愈換愈好，得懂得漂亮離職，留下美麗身影，讓人懷念。誰知道我們會在人生哪個轉彎處再相逢，多多顧念著老東家的顏面，不要撕破臉把路走絕，將來江湖好相見。

二〇一六年總統大選當天，大家守在電視機前，一邊看開票，一邊看跑馬燈有誰提辭呈，從下午到晚上一路自黨發言人、黨主席、行政院長，到黨副主席等，走了四個大咖。這些大人物想著：「失敗就要辭職，這是負責任的做法。」這個道理，小小選民都懂，可是心裡仍然不是滋味，「票還沒開完，五二〇交接還未到，有需要這麼快提辭職嗎？」「整個黨信心崩盤，領導人要選在這個時候提辭職嗎？」老百姓感受到的不是負責任，而是快閃落跑，跑得比支持的民眾還急、還快。

放下自我，尊重別人的感受

問題出在哪裡？這些大人物顧到的是自己的感受、在意的是自己的尊嚴、關心的是社會對自己的評價，乾脆比輿論快一步，先發制人提辭呈，免得予人戀棧權位的話柄。相反的，如果在意對民眾造成的影響力遠高於關心自己，他們的辭職動作會緩緩，找個合適的時間，在合適的平台，用合適的方式提出辭職。

在職場裡，提辭職這件事不要學這些大人物這麼做，心中除了自己，也要有空間放進別人，包括公司、老闆、同事、廠商、客戶等。不過這是不容易的事，因為很多人離職是因為不滿意公司的制度、抱怨老闆的理念、和同事相處不愉快等等。可是如果能將層次拉高與格局拉大，將「自我」縮小，「大我」放大，不只可以圓滿辭職，留下好印象，也是證明自己轉大人的第一步。

我年輕時，因為沒有人教導，辭職時也犯了不少錯誤，但做主管之後，在面對同事離職，交相比較之下，有些實用的心得，提出來和大家分享。

【快樂離職守則①】讓直屬主管第一個知道你要離職

離職之前，很多人會和同事商量、和朋友討論，甚至請客戶給意見，就是不讓主管知道，他永遠是最後一個知道你要離職的人。當主管知道時，發現全辦公室居然都早一步知道了，不僅傷了主管的心，也傷了他的尊嚴。這一次離職時，請反過來做，尊重直屬主管，讓他第一個知道。

【快樂離職守則②】先口頭報備，再提書面辭呈

辭呈是用來走流程，不是用來通知。沒有主管可以在毫無心理準備下，看到

桌上有一封辭呈。開口提辭很難，不妨 email 或 line 給主管，問他何時有空可以聊聊，當下主管都會神經繃緊，意識到有什麼事要發生，有了心理準備，可以減少震撼與驚嚇。在和主管面對面談完之後，再提出辭呈，主管會感到受尊重。

【快樂離職守則③】通知信先談接手，再談離職

不論是對廠商或對客戶，站在公司的立場，穩定接班讓對方放心是最重要的事，所以應該由接手的同事發出通知信，而且最好是在離職當天才寄出。這封通知信優先告知誰是接手人，其次才是離職的訊息。因此，在離職前，不應該讓外人知悉離職一事，以免引起慌亂或八卦，更不用說在公開平台如臉書等發布消息，這樣謹慎小心是為了避免公司受到傷害。

【快樂離職守則④】先關心老東家，再考慮新公司

很多年輕同事今天提辭，隔天或當週五就是最後一天上班，他們的說詞是因

為已經和新公司說好下星期去上班，主管又不是笨蛋，他一定想說：「為什麼不談下個月報到呢？」離職做好交接是職業道德，所以在計算離職時間時，請先考慮老東家的交接問題，至於新東家要用你，就會多等幾天，不必擔心另覓他人。

【快樂離職守則⑤】先談人情，再談法律

不論離職或休假，很多人動不動就搬出勞基法義正辭嚴的說：「我是按照勞基法提的……，」只要是不違法的確站得住腳，但是，主管就是覺得好像在被威脅。除非公司或主管很惡質，請不要再將勞基法掛在嘴上，何不反過來做，人情擺在法律前面，讓主管感受到溫暖，其他話就容易聽進去，讓你順利享有應有的權益。

【快樂離職守則⑥】先做好交接，再去休假

離職時手上還有一些年假未休，很多人會在辭呈一丟之後，把年假一次休完，

直到離職那一天都沒有再露臉，既休了假，也拿了薪水，一點也沒有吃虧，這的確是合法的權益，卻留給老東家一種吃乾抹淨，還要打包帶走的壞印象。何不改成分批休假，中間回來看一下公司的交接情況，提供協助，給人有情有義的好感受。

離職可以看到一個人的高度與格局，愈是將自己當做大人物看待，愈在意未來前途發展，就會愈注意人情世故，留下好印象與好口碑。

在職場裡，提辭職這件事，心中除了自己，也要有空間放進別人，包括公司、老闆、同事、廠商、客戶等。如果能將層次拉高與格局拉大，「自我」縮小，「大我」放大，不只可以圓滿辭職，留下好印象，也是證明自己轉大人的第一步。

冷宮學分，職場必修

工作愈換愈好，得學會住在冷宮裡，安靜自處，養精蓄銳，不抱怨、不八卦，避免讓人有落井下石的藉口，安全自保，終有重新啓用的一天。

又是一個暖冬，太陽冒出半個臉，在連鎖餐飲集團任職中區主管的Martha卻裹著翻毛的羽絨衣，瑟縮在角落的沙發裡，告訴我好冷。

「我現在住在冷宮裡。」

看他一臉愁苦的樣子，只好打趣的說：

「喲！現在是貴妃，還是嬪妃？好歹也是個妃，哪像我們連冷宮都要排隊訂房！」

冷宮，一生總會住上幾次

是啊！不是所有人都住得起冷宮，必須有那個命、那個格！電視劇「後宮甄嬛傳」第一集，那些來自四面八方的候選人，哪個不是出自名門官府、姿色過人、琴棋書畫樣樣通？而且進得了後宮，還要被翻牌寵幸一段日子過，才有被打入冷宮的下一步。

因此，當你有住在冷宮的一天，請不要急著自怨自艾，因為對沒有機會住冷宮的人是一種無聊的炫耀、無心的打擊。相反的，請換個腦袋想，能被打入冷宮表示曾經在職場勝出過、火紅過，無論如何也是一個角色，值得慶幸與安慰！而風水輪流轉，沈潛一段時間後，只要實力還在，一定會東山再起。

很多文章都會教人學習退場，可是年輕人離鞠躬下台還有二、三十年，學退場未免太早。倒是住冷宮這件事，在未來二、三十年準會發生幾次，必須儘早學習，免得碰到了手足無措、失了方寸，以致打壞全局，弄得不可收拾。

冷宮，是清幽安靜的總統套房

冷宮沒有人會住得習慣，尤其之前你曾經風光一時，心裡更是難受得緊。不過多住幾次之後，就會發現冷宮有它的優點：

【優點①】：冷宮一定在角落，不會吵鬧

過去公司有會議，你一定是列席的當然人選，可是現在不一樣了，沒有人來找你開會，你常常在事後發現有這個會議，或老闆找誰談了什麼事。過去公司有大事時，你會被派往處理，比如給大客戶接機洗塵、給老闆娘的「姊妹趴」張羅訂餐等，現在得等到人走了、事情結束，才偶爾不小心聽到耳語。

「後宮甄嬛傳」第二集因為華妃嫉妒甄嬛，把她分到最後一間的碎玉軒，所以冷宮一定是在角落，請認得回家的路，別走錯了。也許會有一陣子錯過大廳的繁華喧鬧，可是難得的清幽安靜，如果還不懂得享受，可能要算算是不是命太輕！

【優點②】：冷宮一定是零下，不會熱著

不管別人是故意或無心，很多同事不太會主動和你攀談，在茶水間碰到時連招呼都沒打就擦身而過，聚餐或出遊會小心翼翼避免讓你知悉，line群組不會加入你，也不再上你的臉書按讚……，四周築起一道高高的冰牆，沒有人會接近你，沒有事情掉到你頭上，大家對你視而不見，好像你是穿了隱形衣的哈利波特。

很多人會感歎人情冷暖，然後開始點人頭，數一數有哪些人背叛自己，其實都不必！因為職場是現實的，同事必須自保，就這麼簡單，想太多是跟自己過不去。

冷宮，也可以住得舒服自在

有時候，是不是住在冷宮裡，只有你和主管（老闆）兩個人心知肚明，是不能說的祕密，所以不要到處訴苦，弄得人盡皆知，反而無法修復關係。不過也別以為什麼事都不做，主管會過來牽起你的小手做好朋友，他又不是你的兩小無猜。再提醒你，冷宮不是給一般人住的，要住得舒服自在，可是要遵守以下規定：

【冷宮守則①】：不要抱怨

話說多了就會失言，更何況抱怨訴苦會有好話嗎？當同事知道你失勢，有誰忍得住不搬弄是非，把話傳到主管（老闆）耳裡？這些話只會讓你們的關係難以修復，給別人趁火打劫，讓自己雪上加霜罷了。

【冷宮守則②】：不要硬碰硬

也許你有滿腹委屈，覺得錯不在你，可是此時此刻大家都僵著，不要忙著辯解或說理，而要一臉愧疚，主動走過去向主管道歉，甚至撒嬌耍賴，求他給一個機會讓你彌補過錯。先修復關係為要，讓主管有台階下，日後他會還你一個公道。

【冷宮守則③】：不要強出頭

這時候不是你力求表現的時機，事實上，主管也不會給你表現機會，而且可能看你做什麼都不順眼，那麼收起聰明能幹，偃旗息鼓一陣子吧！份內的工作仍然要做好做滿，無可挑剔，因為這時候想要落井下石的人多得是，不必予人把柄。

【冷宮守則④】：不要給人看衰小

對主管，你要面帶愧疚，讓他知道你認錯了。至於一般同事，請像無事人一樣不能露出一丁點衰小（台語：倒楣極了）的樣子，讓他們霧裡看花，看不懂最好！

冷宮只是半年租或一年租的短期套房，不會讓你爽吹冷氣到退休，而老闆或主管沒把你踢出門，就表示留著你還有可用之處，所以趁著這個難得的清閒時刻，培養第二專長或累積人脈，將實力向下扎得更深，等待下一波重新啟用吧！

第四部

面試時，下對功夫

面試就看出這家公司好不好

工作愈換愈好，得能從面試過程中，判定這家公司的優劣，值不值得奉獻青春與腦力。企業在選人才，人才也在挑企業，不必委屈，不必勉強。

不少人的面試經驗是不愉快的，錄不錄取是一回事，受不受尊重則是另一回事。有的企業在面試時，好像在挑選商品，忽略正在面對一個活生生的人，應該給予起碼的禮貌與貼心。

等了五星期，竟等來「人事凍結」

PTT曾有一位工程師投訴，指他到竹科面試一家大企業，前後歷經兩位面試官，三天後他致電其中一位面試官，得到口頭的offer，表示他獲得錄取，但是仍然有流程要跑。於是，這位工程師就推掉另外三個外商公司的約聘職缺，等著到竹科做正職。

在等待書面offer的過程中，他不時和面試官保持聯繫，不斷得到這些訊息：「目前人事調整中」、「現在跑薪資流程中」、「敬請耐心等待」、「已到簽核階段」、「預計下週有結果」，就這樣一等五個星期，最後得到的結果竟是：「目前，一般工程師人事凍結中。」

他整個人垮了……。

「我真的好傻！好天真！竟相信他們說的話。」

當然，這位工程師應該要有一個體認：在沒有拿到書面offer之前，一切都可能翻盤，他不應該率爾的推掉其他工作機會。但是相對的，企業在給予口頭offer時，也應該貼心的提醒：「我們認為你的條件符合，但是錄用與否仍要跑完公司流程才能拍板定案。在這個過程中，請您不要遺漏其他工作機會。」

有些企業會忘了顧及到求職者的權益，一邊拴著應徵者的心，一邊還看著是不是有更好的人才，遇到了下一個好人才，就放掉原來的應徵者，卻是疏忽了這位應徵者為了等到這個職務，而失去其他工作機會，這就是少了一份貼心與厚道。

有幼兒的媽媽，受盡羞辱

企業一邊唉唉叫，抱怨找不到人才，一邊卻經常大頭症上身，不平等的面對人才，在面試過程中，用一種「嫌貨人就是買貨人」的姿態做盡人身攻擊，還以為善盡職責，正在努力測驗出應徵者的忍耐底線，美其名是「壓力面試」。如果應徵者受不了，他們尚不知反省，還會嗤之以鼻的貼上一個標籤：

「草莓一個，抗壓性低！」

女性在求職時，遭到的質疑尤其多。還沒結婚時，會被問到有沒有男朋友、什麼時候結婚，因為企業擔心這位單身女性一來上班，就請婚假、產假、育嬰假等；而結婚有孩子之後，則會懷疑以家庭為重，無法全心投入工作，經常要為孩子各式各樣的狀況而請假，造成同事抱怨及公司困擾。

一位三十三歲的媽媽是我的臉書粉絲，寫信告訴我一段不堪的面試過程，她到一家製造業的小型公司應徵製圖人員，卻被問到可不可以加班，並受到言語羞辱：

「不要騙我！你有兩個孩子，一個四歲，一個六歲，不可能可以加班！」

「你有兩個孩子，何必出來找工作？賺零用錢就好了！家裡附近隨便找一個超商 part time，或是在家做手工。」

「沒有公婆幫忙照顧孩子，沒有公司會用你的。」

這位媽媽當場眼眶紅了，強烈的自尊心撐著她，硬是把淚水吞回去，心想為了讓孩子受到更好的教育，出來工作賺錢，不懂為什麼要被批評到體無完膚、極盡羞辱，而且「我的技能符合職務需求，這就夠了！為什麼要拿我是媽媽這個身分做文章？」

面試官常犯的毛病

以上這兩個面試例子並不少見，台灣企業在面試時，讓應徵者無法接受的情況很多，包括：

【不當的面試①】：人身攻擊

問話時，有的會表情不屑、充滿質疑，「喔？是這樣的嗎？」有的還會酸言酸語，從長相批評到基因，「你這樣的身材，我們主管會嫌胖，是像爸爸嗎？」

【不當的面試②】：高人一等

覺得企業夠大，有資格挑三揀四，說起話來讓人不舒服，「想要進我們企業的應徵者太多，必須要花時間好好選一選。」

【不當的面試③】：遲到一、兩個小時以上

一等就是一、兩個小時者所在多有，應徵兩位主管常要花上一整天，讓人無法理解的是，「怎麼排了面試，又排會議，這不是很明顯的撞期嗎？」

【不當的面試④】：不做準備

企業要求職者做面試準備，可是自己面試時，多的是沒看過履歷、沒讀過自傳，不了解應徵者的背景與經歷，而是一邊面試，一邊讀履歷。

【不當的面試⑤】：亂貼標籤

最常批評求職者的穩定性與抗壓性，「你三年換兩次工作，這樣的工作性格非常不穩定，我們擔心你的抗壓性低。」

【不當的面試⑥】：工作內容變來變去

企業在刊登職缺訊息時，常常用漂亮的說詞加以包裝，不說清楚工作內容，等到把人找來面試時，才再透露一點，報到後卻發現完全不是那些工作內容。

【不當的面試⑦】：薪資含混

企業面試時，祖宗八代都問了，可是被問到薪資時，卻輕描淡寫帶過，或含糊不清，或薪資結構複雜到令人聽不懂。

【不當的面試⑧】：問無關工作的內容

有些企業擔心用錯人，用盡各種旁敲側擊，就是要刨根挖底，連有沒有男朋友、男朋友任職的企業、男朋友的薪資都可以拿來問，這就離譜了！

面試時，企業至少要守住第一要則，給予尊重，其次，不好奇私人生活，最後，應該做好準備，讓應徵者有受到重視的好感受，對企業留下一個好印象。如果企業沒有做到這些最起碼的標準，就請再三考慮是否要去報到上班。

在沒有拿到書面offer之前，一切都可能翻盤，不應該率爾的推掉其他工作機會。

前一份工作的薪水，沒有義務要透露

工作愈換愈好，得懂得做好薪水談判！至於被問到前一份工作的薪資金額，可以婉轉拒答，不要給新公司取得議價的籌碼，這是求職的基本權益。

面試時，快結束前，企業常會冷不防的拋出以下這個問題：

「前一個工作的薪水是多少？」

這個問題常讓很多求職者嚇一跳，心想：「怎麼會有此一問？」有一種受到侵犯的不舒服感，薪水數字連爸媽都保密，而眼前這位面試官和自己十分鐘前才面對面坐下來，就因為坐在面試官的座位，便自認為可以大刺刺的直問不諱，太不禮貌了！太粗魯了！

企業不應該問，可是你還是要準備答案

這就是台灣的企業，以為面試沒有什麼不能問的！像這類冒犯隱私的問題，不論就禮貌或法律而言，都是不該問，可是台灣習以為常，不以為怪。

不過，面試不是辯論這件事對或錯的合適時間，求職者不想讓對方不開心，想要贏得工作，便會選擇隱忍下來，卻隨之陷入困局。老實說出前一份工作的薪水，對方可能依此而敘薪，薪水沒增加，又何必換工作？相反的，如果虛報薪水則擔心被拆穿而不獲錄取。

於是，陷入天人交戰，舉棋不定，怎麼說都為難……。時間一分一秒的過，若是不在合理時間給出一個答案，最後不管說出哪個金額，都會被認為「想這麼久，勢必盤算過，一定是虛報」，所以一定要在第一時間搶答成功，避免膠著在此，讓企業心生疑竇，影響錄用與否的判斷。

而唯一的解決辦法，就是把它當做面試的必考題，在家事先準備好答案。不論是加五%或一〇%，或更高，都請確定一個理想值，引導對方朝向你的理想金額敘薪。

即使老實說，對方也不見得相信

面試官之所以這麼問，是把前東家的薪水視為進貨成本，他不想買貴而被責罵。可是請想一想，買東西時，沒有老闆會告訴消費者進貨成本，因為「這是我的事，關你什麼事」，就是這個道理，沒有必要透露自己的前一份薪水。

再來，這些老闆常說：「這件衣服在百貨專櫃賣，一件要三千元，現在才賣二九九元，走過路過不要錯過，買到算賺到……。」這樣的說詞，消費者會相信嗎？不會嘛！同樣的，不管你多麼坦白，說出前一份工作的薪水金額是多少，眼前這位面試官只是聽聽而已，參考用罷了，沒有在信的！

既然如此，實報薪資只是在安自己的心罷了，以為就不會像小木偶一樣長出長鼻子，讓人有一種誠實童子軍的榮譽感，可是，企業並未認為金額沒有虛報，因此實話實說並不具任何意義，對方也不是仙女，不會走過來摸摸頭自動加薪。

更何況，每家公司各自獨立，各有敘薪制度，給薪的金額依照公司規定，和求職者的前東家根本毫無關係。如果因為前東家而更動薪資金額，這就表示敘薪制度不夠嚴謹明確，是這家公司要自我檢討！所以於理於法，都不必老實說出前一份薪水，這是第一個原則。

答案，分兩階段說

第二個原則是分成兩階段說明，第一個階段可以說：「前東家有簽薪資保密條款，對內對外都不能透露，尤其有競爭關係的企業更不可以說。」

如果對方有修養，也有智慧，會聽得出來這是婉拒。但是，仍然有面試官一定要打破砂鍋問到底，這時請打出第二張牌。

第二個階段則說：「我們這個職位的薪資是在四萬至五萬元之間，而我的年資較高，又負責專案，績效表現不錯，所以是落在高點。」給對方一個區間，而不是一個絕對值，就沒有說謊或擔心被抓包的後遺症。

當然，這個薪資範圍請事先加上理想的五％或一〇％，而不是真實數目。這不只是可以幫自己加薪，也給面試官一個機會向老闆邀功，通常他們喜歡這麼說：「他在前公司的薪水有四萬五，而且有五年資歷，我們給四萬六算是合理。」其實他是想炫耀「我們賺到了」！相反的，如果你說前一份薪水是四萬，卻要求這份工作領四萬六，他會有買貴的不爽，哪敢去邀功？還能錄取你嗎？

至於對方會不會去查你的薪資，比例極低！一般人會打到前公司探詢你這個人，重點會放在你的工作能力、績效表現，以及敬業態度等，不會打探薪水，因為這時候他們都懂得的，問薪水很不禮貌，而且前東家不可能給他真實數字。

薪水，不是看過去的價格，而是看未來的價值。

薪水談判要有一個觀念，它就像股價，著眼未來，不是回顧過去。有企業過去幾年虧損，股價卻狂飆，這表示股民看好它的未來前景；也有企業目前經營良好，卻是浮在水面不動的水餃股，這表示股民認為它已經過了高原期。一樣的道理，薪水開價，不必被前一份薪水給綁架，那已經是過去式，請看未來價值。

在商品行銷上，成敗關鍵看四P，其中一個P便是定價（pricing）。同樣一個包包，LV賣五萬元，路邊攤賣五百元，相差一百倍，為什麼大家搶著買LV？做商品銷售，不是價錢低才賣得動，LV包有品牌價值，是路邊攤賣的包無法取代的。薪水開價的道理也是這樣，要問自己的是：

「我的品牌價值有多少？」

「我的未來價值有多少？」

在就業市場，人人都是商品，根據品牌價值與未來價值而進行定價。至於面試官問前一份薪水，那是他的觀念落伍，不必隨之起舞，說出理想薪水即可。至於老實說或不老實說的兩難，根本不是拿到好薪水的關鍵問題，不需要為它困擾！

這些老實話，會讓你不錄取

工作愈換愈好，面試時得懂得漂亮銷售自己，知道哪些該說、哪些不該說，以及要怎麼說，突顯自己的優點，轉移企業的注意力，輕忽自己的缺點。

「我們的企業文化講究誠信（integrity），在找人才上非常重視正直與誠實。」企業主在接受媒體專訪時，經常會這麼強調。可是，人資主管私底下碰到我時，卻是另一番說詞，要我寫文章提醒年輕求職者：「不要老實到變成白目。」因為有些人過度誠實讓他們傻眼與尷尬。

「誠實」和「老實」只有一字之差，性格也不過一步之遙，求職結果卻天差地別。究竟「誠實」和「老實」有什麼不同？中間的紅線在那裡？

誠實，不等於老實說

對於求職者來說，不論是寫自傳或面試，目的都是為了求職成功，所以請用社會世俗的一根尺來檢驗，凡是會引起疑慮的內容或說法都要避免，可能產生一絲絲負面聯想與解讀的事都不能說，也就是說它的第一要則是誠實，而不是老實。

「誠實和老實，只有一字之差，有什麼不一樣嗎？」會問這個問題，一定是個老實人，請務必看完下文！

老實與誠實的第一個分野：老實是全面性的誠實，誠實是選擇性的誠實，兩者的差異在於「說什麼」。誠實是「該說則說，不該說則不說」，老實是「該說或不該說，通通都說」，亦即誠實的人懂得避重就輕，隱惡揚善，挑有利的說；老實的人不論想的或說的都不這麼拐彎，一概有問必答。

其次，老實與誠實的第二個分野：老實是草根性的誠實，而誠實是文明性的誠實，兩者的差異在於「怎麼說」。誠實的人是「轉個彎說，不要直直說」，懂得修飾說法，讓對方聽起來舒服悅耳，留下好印象；老實的人是一根腸子通到底，覺得直率才是真性情，完全不管別人怎麼想。

面試不是心理諮商，也不是交心大會，所以不是給對方看到真實的你，而是具有優勢的你，請講優點，不必提缺點。而算不算是缺點，不是由你決定，是由社會世俗的觀念決定，所以請易位思考，先判斷這話說出口後，對方會怎麼想。

校園表現不理想，不必說

不喜歡讀書、經常蹺課、成績很差、重考三次、高中念五年、大學被二一退學、最後勉強混畢業……，這些雖不致毀滅人生，但也不算是光榮事蹟，不需要主動列出，以免企業害怕，懷疑應徵者「劣根性太強、沒有紀律、智力可能有問題……。」

生病請長假，不必說

超過兩個月的病假不必主動提起，因為企業不會同情，只會擔心「他是不是健康不佳？病會再復發嗎？上班時萬一有個三長兩短，撇不清時會不會挨告？」

不是好習慣，不必說

有些你認為很平常的習慣，朋友也都是這個樣子，比如瘋電玩、掛在網上不睡覺、遲到早退、週末睡到中午才起床、拖延交件、不愛交友、宅在家、網路交友、用 line 請假……，看到這些，企業不會認為你正常，只會貼上標籤：「魯蛇」。

社群網址，不必給

企業如果想透過社群，如臉書進一步了解你，他自己會去搜尋，不必給網址讓他方便連結，因為誰也沒辦法擔保你的每一個圖與文都讓企業產生良好觀感。

戀愛史與寵物，不必說

自傳可以提到家庭背景，但是，這個家庭指的是父母或兄弟姊妹，不是你的男女朋友或寵物。一樣的，大頭照片不必和男女朋友合照，也不必抱著寵物入鏡。

被裁員或資遣，不必說

被裁員或資遣，可能是因為公司經營不善或經濟不景氣，不見得是你的問題，可是也不必主動提及，因為企業通常都會反問：「為什麼不是別人被裁員，而是你？」不論你怎麼解釋，企業都會覺得你在說謊，那麼何必搬石頭砸自己的腳呢？

負面評價，不必說

人非聖賢，孰能無過？比如被老闆責罵、被同事議論、被朋友說是非……，只要是負面評價就不必提，因為只要說了，或多或少都會在企業腦海裡留下陰影。

前公司或主管，不要抱怨

只要是談到前公司、前老闆或前主管，你都要眼睛發亮，充滿感恩，語帶誠摯的說正面評語，一句抱怨或批評都不能出現，否則主考官會開始杯弓蛇影，擔心日後「不知道他會怎麼抱怨我們？」

說著說著哭了，拜託不要

面試時，說著說著紅了眼眶或掉淚，男生女生我都碰過，不只失禮不得體，讓人尷尬，也讓企業認為你在情緒上的控制不夠成熟，無法擔當大任。

求職時，雙方都要聚焦在專業上，不能觸及私領域，像在履歷填寫性別年齡、婚姻狀態、身高體重等，嚴格說起來都不合憲法精神，企業都不能探究，你又何必主動提起私領域？工作不是你人生的全部，不必掏心挖肺，請懂得藏拙與自保。

這些客套話，是給自己挖坑

工作愈換愈好，得讓企業覺得是他求你去上班，不是你求他給工作，可以謙虛，但不必客套，用正向語言讓企業看到正向能量。

面試時，有些人為了表達一顆積極的心，讓企業感受到想進去上班的熱切，爭取面試官的認同，會說一些客氣謙虛的話，但是這些話說得太早或不巧，反而會引起疑竇，弄巧成拙成為敗筆，丟掉大好機會。

謙虛是一種修為，也是一種策略，以退為進可以爭取到企業的好感，不過請記得它必須像稻穗是因為飽滿而低垂，你也必須是因為自信而謙虛，才能傳達給企業一股正向能量，而不是因為自卑而謙虛，否則企業接收到的訊息會是「你不夠好」。

另外，表現謙虛和說客套話是兩回事，一碼歸一碼。客套只會導致兩種結果，或是讓人覺得虛偽矯情，或是讓人信以為真而假戲真做，這些都是反效果，還不如不要客套得好。下面這六句是面試時常見的客套話，開口之前請審時度勢、琢磨推敲，不要人云亦云，以為大家都說這些話以表示客氣謙虛，自己也跟著這麼說。

1 我可以學習

這是最常聽到的客套話第一名，使用者主要是剛畢業的社會新鮮人，或是轉換跑道、不具相關經驗的上班族，倒也如實反映出他們的處境，可是聽在企業耳裡並不順耳，有的企業甚至會反嗆：「來學習，你會付學費嗎？公司付你薪資，為什麼還要讓你來學習？」

這番話說得有道理，卻會弄得求職者尷尬，場面瞬時凍僵。因此，像「我可以學習」這類會引起爭議或反感的說詞，對於面試氣氛無助益，也爭取不到企業的認同，結論是不說比較好。建議換另一種說法，讓企業感受到一股正向能量，比如：「這個職務需要的專業技能，我在學校時主修的科目，以及跟老師做的實驗，都有其相關性，進入狀況將相當快。」或是「過去我做過的這些工作，培養出相關能力，對新工作將很有幫助。」

這樣的說法，可以讓企業明白你具備哪些相關知識、技能與經驗，他才會放心錄用你。

2 我可以吃苦

如果你應徵的是白領工作，坐在辦公室裡吹冷氣，不需要風吹日曬或扛鐵條、搬磚塊，說「我可以吃苦」不免矯情，也給企業揶揄的機會。企業若是反問一句：「我們的工作哪裡苦了？」應該就答不出來了吧！所以，這又是另一句會引起爭議與尷尬的客套話。其實你內心的意思是：「我的配合度高，願意聽從公司的指令，迎接任何挑戰，完成艱難任務」，那麼請改口這麼說，聽起來也比較像職場用語。

至於藍領工作，這句話也可以省！因為有些職務的危險性高，辛苦艱難，找人不容易，你願意應徵，企業已經淚水盈眶，充滿感激，就不必破壞他這種心情吧！更何況有些雇主真的聽進耳裡，專挑別人不做的苦差事給你做，再頂你：「你不是說肯吃苦嗎？」可就有苦說不出了，所以別再說這類傻話。

3 我可以加班

比起現在年輕人要準時上下班與週休二日，這麼表白好像占有優勢，可是依照我的用人經驗，很多人面試時這麼說，錄用後卻不是這麼做，所以企業已經不太聽進這類話，而且還會反問你：「可以不給加班費嗎？」又是另一個接不下去的問句！你不可能不要加班費，那麼企業為什麼要高興你願意加班？

一樣的，你想要表達的是：「我個人做事非常講求效率，可是碰到必須趕工時，我可以調整上下班時間，配合公司需要，比如加班等，所以您不必考慮我是不是能彈性上班的問題」，那麼就這樣說，讓企業知道你不是想來賺加班費的！

4 我可以不計較工作／我可以從零開始

社會新鮮人從零開始，當然無法計較工作內容，所以這句話不具任何意義！但是，這類「不設工作的期待底線」的表白，如果自一個有工作經驗的人嘴裡說出，只是顯示出缺乏自信心，反而讓企業懷疑能力，心裡想：「難道叫你去洗廁所，你也不計較嗎？」「如果他不計較要做什麼，那麼他究竟是來應徵什麼？」

你的意思其實是：「只要把任務內的工作做好，我不分大小事都不假手他人，願意親自完成」，這樣說就可以強調自己使命必達，具有敬業精神，而不是像原先說法那樣，擺低姿態去求一份職務，說法不同，予人的觀感差異很大。請記得：企業用人，是因為你可用，不是因為你可憐，所以用詞務必正向，不要負向。

5 我可以不計較薪資／我可以減薪

這句話千萬不要由自己主動提出，除非你確認有八成錄取機會，而且是企業問你願不願意減薪屈就，才可以被動應答，可是也不要說得如此直白，減低企業對你的價值判斷，心裡旁白：「我都還沒提，怎麼就一下子自動減薪？是不是有問題？」其實你的內心話是：「貴公司的前景看好，我很想能進來一起打拚，所以我願意依照公司的體制，領取符合職位的薪資。如果因此比過去公司的薪水低，我們可以進一步討論。」減薪目的不就是想被錄用嗎？那麼開場白應該讓企業寬心，不起疑慮。另外，即使願意減薪，仍然要從高點往下談，不可率然直接落底。

6 我可以不計較職銜／我可以降級

職銜和薪資都代表一個人的身價，不要自己輕易往下降，兩者宜採取被動應答。當對方希望你降級時，你才這麼說：「每家公司的體制不同，貴公司是規模更大的企業，職級安排講求適才適位，相信您會討論出一個合適我的實力和資歷的職銜。」當然，心裡要有定見，提出一個理想職銜，不能真的任由對方安排。

人生有高有低，職場總有起伏，可是碰到低潮時仍然要保持高昂的信心，不必自慚形穢，不必自我貶低，不必過度謙虛，反而可以在求職面試時給企業留下正面的強人形象。

謙虛是一種修為，也是一種策略，以退為進可以爭取到企業的好感，不過你也必須是因為自信而謙虛，才能傳達給企業一股正向能量。

求職不是交心，履歷不必寫缺點

工作愈換愈好，得了解在線上填寫履歷時，只需填對於自己有利的欄位即可，不必每個欄位都填滿，突顯優點，至於缺點則填愈少愈好。

現在官場流行說「做好做滿」，過去人力銀行也是這麼鼓勵求職者，在填寫履歷各項欄位時，要「填滿」才算填好。

人力銀行提供的履歷，欄位琳瑯滿目，一開始有人不知道怎麼填就所幸不填，企業很不滿意，認為人才素質差、應徵心態不積極，「否則怎麼連履歷都填不齊全？」人力銀行不得不將多數欄位設為必填，沒有填滿就無法儲存履歷資料，設下層層關卡的結果，已經不太看到履歷填得零零落落。

企業挑人才 V.S. 吳念真挑花生

企業是滿意了，可是對有些求職者不見得是好事。這種制式化履歷，最大的好處是方便企業在徵人作業上可以快速掃描，快速篩選，也就是說快速刷掉你！

填寫履歷大約要花一、兩小時，人資卻可能只花四十秒鐘看一份履歷，還有眼球實驗說只有六秒鐘。能做到這樣的快速有效率，是因為線上履歷具有一致性的特色，包括：格式一致、順序一致、欄位一致、選項一致等，每個人的履歷整齊劃一，重點欄位一目瞭然，企業可以快速掃描與過濾。

我們都覺得自己是這地球上獨一無二存在的個體，具有不可抹煞的獨特性，可是你知道嗎？一旦放到就業市場，每個人都是一個產品，履歷是說明書，而人資是品管員，他們的工作重點是看履歷篩選出符合資格的人選。事實上，電腦系統就可以做到完美篩選，比人資客觀理性，連六秒都用不上。

企業挑人才，和吳念真挑花生，實質上都是一樣！

吳念真有一個廣告是賣花生牛奶罐頭，強調花生都是電腦挑選出來的，每粒大又圓，他說：「電腦也會選花生，小的、醜的都會被篩選掉」，主角阿嬤一邊吃，一邊稱讚：「電腦真厲害，除了不會生孩子外，什麼都會。」這麼厲害的電腦，最後就會犧牲掉不在規格內的好花生，以及不符合資格的好人才。

對自己不利的欄位，不寫

總之，線上履歷是給符合規格的人填寫，欄位是他們的勳章；至於不符合規格者，則別乖乖填滿每項欄位，它們可能是陷阱，讓人失足掉進去，和機會錯身而過。

我的高中同學Kate在美國求職，應徵一個MIS工程師的職缺，已經是四十五歲，履歷上不寫年齡，也不貼照片，到了面試時，企業礙於法律規定也沒敢問，看她貌似年輕就錄用了，後來發現比想像中大十歲，可是木已成舟，企業沒有理由辭退她。

現在換到女兒求職，Kate都這麼告誡：「與工作不相關的內容都不必寫，包括年齡、性別等，先搶到面試機會再說。」後來她看到台灣的線上履歷內容，第一個反應是必填的欄位太多，「在美國，要求職者填這些資料是會被提告的。」

基於反就業歧視，人力銀行已經逐漸取消一些必填欄位，比如性別、婚姻狀態、身高體重等，現在連年齡都已有求職者在抗議中。所以，填寫履歷時，不必看到欄位就填，以爭取對自己最有利的履歷內容為第一考量。

買東西時，是被廣告單或說明書吸引？

當然是廣告單！求職是在銷售自己，履歷如果通通都寫，像一張落落長的說明書，誰也不想看！而是不妨像廣告單，只寫有利點即可，將企業的眼睛鎖定要給看的部分，不想給看的則一個字也別提。

沒辦法解釋清楚，不寫

一位接專案的攝影師想安定下來，謀一個正職工作，過去他的月薪平均六萬元，一般正職是四萬五，他在填寫履歷時，一一詳列歷年工作經歷，每份職務的工作時間短，薪水高於行情，把企業嚇一大跳。他之所以這樣寫，是因為他認為履歷要誠實交代，而他也相信企業都想要錄用講誠信且可信賴的人。

「他的工作經歷豐富，本來很有機會，可惜履歷透露太多了。」企業告訴我，其實這位攝影師只要寫幾個重要經歷，並述及企業名稱及專案內容即可，不必寫到任職期間與薪資待遇，「不懂得藏拙，應該是一個老實人吧！」

履歷是單向溝通的工具，以下這四件事也不建議寫進履歷裡，因為它們最容易讓企業心生疑慮或另有解讀，而你卻無法在第一時間釋疑。那麼何不賣個關子，在履歷裡不做解釋，先讓企業對你有興趣，約了面試，再當面說明比較妥當。

1 離職的原因

2 被資遣裁員的原因

3學校沒有念畢業的原因

4工作中斷一段長時間的原因

電腦再厲害，還是有死角，那就是沒有餵入資料的部分！所以，對自己不利的點就別老實交代了，以爭取面試機會為第一優先考量。

> **放到就業市場，每個人都是一個產品，履歷是說明書，而人資是品管員。求職是在銷售自己，履歷只寫有利點即可，將企業的眼睛鎖定要給看的部分，不想給看的則一個字也別提。**

面試官
反映出企業文化

工作愈換愈好，得懂得在面試時觀察主管，從六個細節可見微知著，了解這位主管是不是真命天子，可以共事，值得跟隨，共創美好前途。

找工作，不只是你在求企業，企業也在求你，因為你是一個人才！所以這是一件雙方對等的事，雙方都必須真心誠意的「求」。當企業來電邀請面試時，我們都要心存感激，表示榮幸，即使如此，不代表只有企業在面試我們，我們也可以反過來面試企業。

通常面試會有兩關，在大企業是由人資初談，再由用人主管複試；在小企業則是用人主管先談，再讓老闆做最後決定。不論是那一關，你都可以面試企業；而在用人主管那一關，你則可以面試主管。

輪到你當面試官，考一考這家企業

面試企業的重點，要放在評估未來發展性，也就是這家企業有沒有前途。選企業和選丈夫是一樣，現在沒錢沒關係，五年、十年後有沒有錢才有關係。當然，面試前要先做足功課，了解這個產業與這家企業，並向同行的人打聽口碑與評價。除外，現場則要會提問題，比如詢問以下項目：

1 業界排行第幾
2 營收成長情況
3 獲利成長情況

上面這三題只是暖身題，答案裡的數字固然重要，卻不是最重要。請務必進一步追問「為什麼」，後面帶出來的訊息才是你要聽的珍貴情報，比如：

「業界競爭這麼厲害，為什麼可以做到排行第五？」

「景氣不佳，為什麼還可以營收成長？」

「這是一個毛三到四的行業，為什麼還可以有這樣的獲利？」

提這些問題等同於打探企業的底，開場白一定要先摸摸對方的頭，用讚美做開頭，卸下對方心防，即使對方不願意回答也不致惡感。其次，藉此觀察企業回答內容的專業度，以及態度是否真誠有耐性，除了掌握企業的未來發展性，也進一步感受企業文化，前者影響你的前途，後者決定你的心情，兩者都重要。

一般而言，提問控制在三個問題即可，不顯少，也不顯多，時間控制恰恰好，彼此都會感到有所交流，企業將留下深刻的印象。

對於用人主管，從六個細節看透他

用人主管和你朝夕相處，他決定你的工作、薪水和快樂，在面試時當然要特別加強觀察這個人，重點要放在你和他的適配度，也就是相處融洽程度，包括做事方法、管理模式，以及情緒商數。

選主管很像挑父母（如果父母可以選擇的話），首要原則是這位主管能讓你欣賞與尊敬，而他對你則充滿關愛，也會提攜。也許他現在不是有前途的主管（就好像他不是富爸爸或富媽媽），但他絕對要有意願與能力栽培你成為有前途的明日之星（就好像你我的爸爸媽媽一樣，窮自己也不能窮孩子）。

屬下期待的好主管，不脫以下幾項特質：民主開放，願意聆聽屬下的意見；欣賞也相信屬下的能力，提供發揮的舞台；有肩膀、肯承擔，遇事不推責諉過給屬下……，這些特質，面試時透過以下六個細節可以觀察到：

1 是不是一半時間都是他在說話？

面試時應該是他問你答，他扮演的是傾聽的角色，如果他說話的時間超過一半，表示將來你不太有發表意見的機會，這會讓你覺得鬱悶不開心。

2他會露出不耐或不屑的神色嗎？

面試氣氛有兩種，一種是客氣禮貌，當你來者是客，另一種是策略性的挑釁，目的在逼出你的底線，但無論哪一種，都不會是不耐或不屑，這可看出對人的尊重。

3他提的問題是否按著順序來？

屬下最怕碰到做事沒有條理與標準的主管，今天這一套，明天那一套，每天的做法和流程都不同，讓人莫衷一是，跟著做事很辛苦，最後還做不出個鳥事來。

4你可以清楚抓到他說話的重點嗎？

如果你無法馬上抓到他的說話重點，只有兩個原因，其一是他表達不清楚，其二是你們無法溝通，不論哪一個原因都會讓你未來吃足苦頭。

5他滿意你的回答嗎？

即使再不露聲色的人，把他前後的表情動作做比較，仍可以察覺出他是否滿意你的回答。倘若他沒有顯露任何神色，這表示你不是他的菜，或是他不讚美屬下。

6 你一進門或要離開時，他會起立致意嗎？

面試者是客人，起立致意或倒茶請坐下都是必要的禮貌，當對方從頭到尾都坐著未曾起立，表示官威不小或教養不佳，都不是好伺候的主管。

不過，當用人主管的資歷夠深，在面試時要做到以上這六個表面功夫並不難！所以，最好的方法仍然是向業界打聽，其次是上網搜尋，比如：臉書、部落格等，可以從他的隻字片語揣摩出他的性格。

> **用人主管和你朝夕相處，他決定你的工作、薪水和快樂，在面試時重點要放在你和他的適配度，包括做事方法、管理模式，以及情緒商數。**

英文自傳這樣寫，就是英文差

工作愈換愈好，得懂得下功夫寫好履歷自傳。英文版與中文版所側重的重點、表現的格式相異，絕對不可以用中文自傳的概念套用在英文履歷上。

求職需要準備英文自傳，怎麼著手？

也許你會上網查一些寫作守則，可惜缺少企業角度的說法，而且似乎都是針對社會新鮮人而寫，從家庭背景談起，著重在校的社團與打工經驗，反倒是工作經歷著墨甚少，並不合適職場老鳥參考。

因為工作關係，我得到多家大企業人資主管提供第一手的建議，並且針對一般人常犯的問題，提出不少想都沒想到的禁忌，歸納如下：

1 不要使用英文自傳產生器

不論是中文或英文自傳，都請勿使用《自動產生器》的軟體或《自傳精靈》的功能，這都會犯了企業人資的大忌。這些自傳內容都是一個樣，即使修改後，架構與脈絡仍然相同。令人資反感的原因是：「怎麼連自傳都懶得寫？太不積極！」「怎麼沒有自已的想法？太沒有主見！」請注意，人資不喜歡不積極的應徵者，也認為沒有主見的員工不會表現好。

2 不要將中文自傳直譯

直譯將是一場災難！中文和英文的用字與結構完全不同，直譯的結果不是出現中式英語，就是讀起來坑坑巴巴，不通！給你一個良心建議，還不如不寫。

3 不要和中文自傳重複內容

求職時，通常會附一份中文履歷，再附一份英文履歷，台灣人資主管讀取的順序是先中文，再英文，如果英文自傳和中文雷同，那是浪費人資的時間！中文自傳的字數可以稍多，描述詳細，從家庭背景談到工作經歷，最後述及生涯願景，比較完整論述你這個人。英文自傳的字數少，簡單精要，主要是論及工作經歷，以及應徵理由即可。

4. 英文自傳其實是 cover letter

如果在國外應徵，人資是先看 cover letter，看完之後才決定要不要看後面的履歷，而 cover letter 的形式就像中文履歷的自傳。它的主旨有二：應徵這個職務的動機，以及勝任這個職務的能力，所以一定要針對職務量身訂做，切勿一篇自傳橫行天下。在論述時掌握FAB原則，依序是說明自己的功能（function）、強調自己的優勢（advantage）、總結你對這個職務將會有的貢獻（benefit），讓企業讀起來覺得 fabulous，你這個人好極了！

5 儘量用條列式

人資看一份履歷平均不超過一分鐘，英文履歷可能時間長一點，但是請注意履歷的第一關是篩選，不是細讀，因此講求三個原則：效率！效率！最後還是效率！而且人資工作繁忙，不喜歡浪費寶貴時間，建議你在個人基本資料部分採用條例式，重點陳述，讓企業一覽無遺，快速掃描，馬上抓到你的優勢與強項。

6 不要誇大英文能力

如果英文只能做日常溝通，還不到可以進行商業會議或簡報，請不要說自己的英文優或精通，建議拿掉這些空泛的形容詞，直接用TOEIC分數或國外留學就業經歷佐證，清楚而具體。有些人為了爭取錄取或自我感覺良好，會在履歷上強調英文優，面試時直接被帶到和外國主管口試，表現落差明顯，弄得老外一頭霧水，「不是說他的英文excellent嗎？」

7 不要寫錯字、用錯文法

這是最基本的要求！寫完英文履歷自傳，請英文造詣佳的師長幫忙校正，最好是能請到英文是母語的外國人看過最保險。錯誤會讓人資貼上標籤：「不夠謹慎」、「不講究細節」，而影響面試機會。

8 不要用艱澀的字詞

可能是為了讓企業覺得自己英文很棒，或是不知打哪裡抄來的內容，自傳會出現一些艱澀的用字遣詞，原本無可厚非，但若是碰到不恥下問的人資，問你這個字怎麼念、是什麼意思，就會露出馬腳。另外，因為不常見，也容易拼錯或用錯。

9 不要用複雜的句型

為了突顯自己的英文佳，有些人會用複雜的句型，串聯一堆子句，最後主詞不見了，動詞消失了，受詞不知道指哪一個，整份自傳不知所云。英文不是我們的母語，用簡單句型表達比較不易出錯。寫自傳的首要原則仍是達意，而主要目的是清楚介紹自己，那麼行文時避免混淆是第一要務。

10 不必天外飛來名言佳句

這又是另一個常見的賣弄，中文自傳會出現吊書袋，英文自傳會莫名其妙天外飛來名言佳句，不是邱吉爾、俾斯麥，就是賈伯斯、祖克伯，人資對這類勵志內容一向無感，「就是抄的嘛！」它並不會抬高你的身價或讓人另眼相看。

第五部

態度也是一種競爭力

看重自己，別讓企業作賤你

工作愈換愈好，得要不看輕自己，也不讓別人作賤自己！永遠記得，我們怎麼看待自己，別人會學習用來對待我們。當我們看重自己的價值，別人自然也會看重我們，不論是在職場或愛情中都一樣。

「人真的很賤！」

這是真的！而且這些賤人，都是我們吸引來的。當一個人看賤自己時，不論工作或愛情，衰運就跟著來，可怕的是後面還跟了一堆賤人想要作賤自己。

老闆說我們只值這麼低的薪水，我們就乖乖的領著，靜靜的被罵著，總是檢討自己做得不夠多、不夠好，也不敢隨便換工作，擔心薪水更低或不安穩；男友把我們當工具人，有事時喊一聲，沒事時連電話都不接，我們也是乖乖的承受著，檢討自己不夠美、不夠溫柔，也不敢隨便換男友，擔心下一個男人沒有更好……。

男友想要一個免費下女，就不斷嫌棄她

怪的是，這種看賤自己的人還挺多的，鄰居豆豆妹就是一個典型例子，今年二十六歲，在貿易公司任職，負責國外業務的開發。

豆豆妹和男友交往三年，可是我從沒見過，因為都不是男友接送她回家，而是她送男友回家後，再一個人轉兩趟車回來，偶爾會聽她念著：「line已讀未回，電話響了沒接，不知道今晚是不是要碰面？」到了假日，她會煮一鍋雞湯送過去，還

幫他洗一個星期的臭襪子，擔心男友一個人租房子住，吃不好，穿不暖，睡不飽。

去年冬天豆豆妹哭紅著雙眼，告訴我當天是他們的定情週年紀念，她特別打扮，並訂了餐廳，也準備好一份禮物，可是等到打烊，男友都沒出現。後來電話通了，男友冷冷的回說：「我忘了！有什麼好紀念的？」傷透她的心。

我的第一個反應是，「男友會不會心裡有別人呢？」她搖搖頭說應該沒有。我再問：「你覺得他還在愛你嗎？」她有點猶豫的說應該有。最後我問：「看起來他並不疼惜你，要不要分手算了？」豆豆妹總算開口，但竟然是：「可是你覺得我可以找到疼我的男人嗎？」

三年來，男友不斷挑剔豆豆妹，包括腿太粗，辣不起來；薪水不高，吃不起米其林餐廳；討厭看到她的父母，好像非娶她不可……。這些批評讓豆豆妹覺得自己一無是處，糟糕透頂，而他是豆豆妹的救星，讓豆豆妹談得起愛情的唯一男人！

老闆不想加薪，就說她不夠好

我看著豆豆妹長大，知道她的性格乖巧，但是沒料到乖到這麼沒自信。突然轉念一想，依照這種性格，我強烈懷疑她在職場應該也會被蹂躪，於是又開話題，問她加薪了沒，答案是「進這家公司以後沒有加過」。

「這老闆也太狠了吧！」對於答案一點都不意外，但是仍然不禁要念一下。

豆豆妹的生活重心只有兩個，一個是男友，一個是工作，加班是家常便飯，回到家常常已經是九點、十點。有一次，她鼓起勇氣向老闆提加薪一事，可是老闆問她對公司有什麼貢獻？她支支吾吾的說起這兩年做過的專案，以及客戶的滿意度，老闆聽完之後說：「這都是份內的工作，做好是應該的，沒有加值，不算是貢獻！」

接著，老闆告訴豆豆妹，某某人以及某某人的薪水都比她低，已經給豆豆妹很好的薪資待遇了，「你這麼年輕，沒有什麼工作經歷，我們給你學習機會，教你做人做事，還要付薪水，你要懂得知足常樂的道理。」

豆豆妹雖然委屈，卻很阿Q的燃起一線希望：「是啊，我還不夠好，還需要努力，有一天老闆就會給我加薪。」我心裡想：「這是什麼八點檔的爛獨白啊？」

狠心的離開，你會發現他們好賤

這兩個臭男人實在是欺人太甚，再這樣下去，豆豆妹會變成受虐狂，失去自我，看低自己，於是教她一招，要她隔天去向老闆請辭，和男友分手。

猜，怎麼著？

還是那句話：「人真的很賤！」她的老闆主動加薪，求她回去上班，男友則又是送花，又是登門拜訪求她再續前緣。前後反差太大，豆豆妹受到極大震撼，也不得不清醒過來。

原來，不論是老闆或男友，不是不懂她的好，卻不斷打擊她、貶低她，讓豆豆妹以為自己是沒有價值的人，對未來全然放棄，而老闆就可以繼續使用廉價勞力，男友可以繼續享受廉價愛情。直到他們回過頭來求她時，豆豆妹才知道自己是有價值的，而當她這麼一轉念，重新看待自己時，好運就跟著來，賤人一個一個遠離。

現在她在一家有規模的公司，老闆重用她，薪水多一萬元，還交了一位疼惜她的男友，也得到一個座右銘：「當你不看賤自己，別人就不會作賤你。」

你提加薪時，老闆就說你沒貢獻；你說自己努力時，老闆就說那是本份……，反正你就是不值得加薪！別再聽他們鬼話連篇，別再讓他們作賤你的自尊與價值，離開吧！離開後，你會發現自己是有價值的人，薪水居然可以往上彈好幾跳。

當一個人看賤自己時，不論工作或愛情，衰運就跟著來。當你不看賤自己，別人就不會作賤你。

生氣不如爭氣，抱怨不如改變

工作愈換愈好，得知道生氣要有目的，能夠改變現狀，才有意義；如果生氣沒用就失去價值，也不必生氣，還不如轉念，要求自己爭氣，讓別人少來讓我們生氣。

在職場上，有些人就是小動作不斷，排擠、中傷、穿小鞋、酸言酸語、亂扣帽子……，防不勝防，可是除了生氣，還可以做什麼，讓自己好受、讓對方難受？「生氣，不如爭氣！抱怨，不如改變！」請牢牢記住這一段話，在長長的人生裡，它是一個非常好用的報復手段，下次再有人欺負你，不妨試試看！

忍辱負重，為的就是那一天

Karl三十四歲，在台北念完大學後，就到新竹科技大廠擔任工程師，去年因為父母年邁，健康狀況頻頻，計畫回高雄老家照顧他們。可是因為他在竹科任職的企業規模大，薪資也優渥，朋友都勸他多考慮，一來高雄的工作少，二來薪資不高。

事實也是如此，待他回到高雄之後，即使憑藉著雄厚的學經歷背景，仍然花上一段時間才找到工作，而且不是工程師職務，是做採購。至於薪水，老闆出的只比他原訂的目標少五千元，尚在可接受的範圍，於是開開心心的報到，但是問題也緊跟著來了。

打從第一天起，Karl充分感受到直屬主管的敵意，處處掣肘，酸不溜丟的譏刺他，可是因為高雄的工作的確不好找，Karl雖然萬般不理解，卻也萬般容忍，直到有一天直屬主管找他去談話：

「你的本職學能不在採購這個領域，在目前這一組的表現不佳，我要調你到另一組，薪水會減一萬元。」

「為什麼要減薪？」

「你領這個薪水，比我做主管的還高，調職之後，不是做原來職務，薪水當然要減！」

說到這兒，Karl終於懂了！一個月來的非人待遇，原因出在他的薪水比直屬主管高，讓主管難受，所以不斷的打壓他、貶抑他。最後，主管還是忍不住，自以為高明，用調職為由，出手砍他的薪水。

Karl畢竟是來自大企業，深諳勞基法的規定，也不作聲，任由主管調他的職、減他的薪。他一邊努力學習，一邊找新工作，一切都是鴨子滑水，全在水面下有所行動。半年後，終於有一家公司欣賞他具有雙領域的能力，出高薪挖角。Karl在遞出辭呈的同時，也給公司寄了存證信函，要求公司退還半年短少的欠薪，否則就要提告。

只有爭氣，才能還以顏色

結果，Karl要回來半年欠薪，還因為公司擔心事情鬧大，多貼給他一個月全薪，做為遮羞費。Karl回頭看整個事件，由衷的說：

「我和這位主管不同之處在於，我懂得『生氣不如爭氣』的道理，而他不懂得。現在，我有一個薪水更高的工作，而他還留在原地，拿原來的薪水。」

在金融業任職，擔任產品經理的Silver也有類似的經驗，雖然不是故意要報復，卻收到十足的報復效果。當十八年前國內開始流行EMBA的時候，她同時報考兩所學校。Silver的直屬主管總經理是一位男性，平常老愛拿她的性別做文章，比如：女人的邏輯不佳、數字力不強，極盡打壓之能事。這一次考試，主管又有評論了，他和Silver說：

「C大老師說應該會錄取你，因為其他都是男生，總是要額外錄取幾位女生平衡一下。」這位男主管之所以有情報，是因為他早一年考上C大的EMBA。

放榜後，到了報到截止日，他又把 Silver 找去問這件事：

「C 大老師在問你，怎麼還不去報到？」

「我也同時考上台大 EMBA，最後決定去念台大。」Silver 淡淡的說。

後來 Silver 談起這段往事，她說自己這一輩子，永遠不會忘掉那個錯愕的表情。這一記打臉，就是「生氣不如爭氣」的最佳實證！

變成鑽石，對方才會重視你

有一位年輕人在職場受到挫折，想要投海自殺，走在沙灘時，碰到一位老人，老人在了解他的心情之後，彎腰撿起一粒沙，再往沙灘上一扔，要年輕人撿起剛剛扔掉的那一粒沙，年輕人說：

「在沙堆裡，找一粒沙，這是不可能的事！」

老人再摘下手上的鑽戒往沙灘上一扔，要年輕人撿起這只鑽戒，年輕人說：

「鑽石閃亮無比，要在沙堆裡找到它，一點都不困難！」

於是，老人告訴年輕人：

「當你是一粒沙時，別人就不會在意你、重視你，這是很自然的事；可是當你是一顆鑽石時，別人要忽視你都難！」

如果你為別人的打壓排擠、冷言冷語在生氣，表示你還在一粒沙的階段。當你不再為這些事生氣，置之不理，不放在心上，就表示你已經進階到鑽石層級。當你在生氣時，恐怕要氣的是自己，教自己爭氣一點！

> **當你是一粒沙時，別人就不會在意你、重視你，這是很自然的事；可是當你是一顆鑽石時，別人要忽視你都難！**

敵人，其實是貴人

工作愈換愈好，身處逆境時，得懂得重新解讀逆境，逆勢而為，把敵人當貴人，把困難當挑戰，把失敗當教訓，超越情緒的跌宕起伏，獲得重生，找到力量。

大年初一，一般人都會去廟裡拜拜，電視也最愛報導徹夜排隊搶頭香，蜂擁搶進廟裡，你推我擠的場面，熱鬧有人氣，為新的一年拉開序幕。

到廟裡，祈福都會說些什麼？大概不外乎是求平安、求福氣、求健康、求發財、求愛情、求婚姻，有的人還會點光明燈，初一、十五念經代禱，希望神可以降臨好運，讓自己順利圓滿的過一年。

常想一二、不思八九

年輕時，我也會這麼做。總覺得人生就是要處在順境，才是好福氣，而富貴一生的人最圓滿。看到有人碰到逆境，就認為他走衰運，應該去廟裡拜拜或點光明燈。

這是中國式的人生觀。及長之後，深深感受到以下這一句老話才是真理：「人生不如意十之八九」，包括人與事。順境難求，倒是逆境不求自來，而且一樁一樁接著來。

學佛的作家林清玄寫過一篇文章：「常想一二」，就是在寫這個生命常態。

有一次朋友向他求一幅字掛在家裡，他寫了這四個字，寓意人生處於困境占十之八九，常想一二就像在黑暗的隧道點燃小燈火，鼓舞自己勇敢前行。

後來朋友再求一幅字，林清玄則寫「不思八九」做為對聯，要朋友不去想不如意的事。這篇文章充滿省思意味，不過，也看得出來一般人不想去正視逆境的心態。

我的弟弟是基督徒，常聽他禱告，覺得東西方的信仰真是差很大，非常有意思！他們的禱告很少直接祈求順境來臨，都是在「常想八九」，內容無非是碰到逆境時，請神賜給智慧、勇氣與力量。

基督徒正視人間有逆境，不論是高山或低谷，都跟隨著神的愛。如果是高山，那是神賜給，如果是低谷，也是神賜給，他們不是要逆來順受，而是一概領受與感恩。

中國人不樂見逆境，而西方人正視逆境，兩地的電影在敘述主軸上大異其趣，在中國電影會看到悲苦，在美國電影會看到勇氣，象徵著當碰到逆境時，面對的態度，以及即將做出的抉擇。

巨大的成功，需要敵人

也因為中國式的順境思維，我們總是祈求遇見生命中的貴人，給我們一個提攜、一個機會、一盞明燈、一句溫暖的話，救我們不要再困頓於泥沼中。

問題是，和順境一樣，一生會碰到的貴人幾稀，不到一二，除外的八九不是一般人，就是敵人。對於敵人，我們只看到他們帶來巨大的破壞力量，卻不見他們帶來的巨大成就力量。

阿里巴巴馬雲卻對敵人有不一樣的見解，他說：「成功，需要朋友；巨大的成功，需要敵人。」如果你對人生有企圖心，就必須拋棄追求順境、尋覓貴人的傳統觀念，重新解讀逆境與敵人。

Jerry 在一家全球知名的頂級廚具品牌代理商任職，負責室內設計界的業務開發，聰明能幹，熱愛工作，充滿自信，而辦公室裡一直有一位主管 Doug 和他有瑜亮情節，明裡暗裡總是與他互爭高下，也會不時在背後捅一刀，Jerry 不得不視 Doug 為敵人。有一次這位敵人直攻 Jerry 的地雷區，抨擊他的績效數字差，Jerry 憤怒到極點，認為受到嚴重羞辱。

Jerry從來就是一隻備戰的鬥雞，牙尖嘴利，攻擊力十足，這一次卻充分發揮高度智慧，沒有作聲，隱忍下來，只在內心告訴自己：

「說我不好，就做給你看！」

接著，Jerry不再延襲過往的做法，改成在各個層面重新思考、重新布局、重新出擊，過程中碰到不少挫折困難，但是他的心裡被憤怒充塞，眼裡只看到目標，咬緊牙根關關難過關關過，沈潛半年終於開花結果，做出亮眼成績。在打拚過程中，Jerry不得不承認這位敵人Doug是他的貴人，激起他的潛能與鬥志，完成不可能的任務。

「如果沒有這位敵人的批評指教，我也不會顛覆自己，做這麼大的突破。」

在公司表揚的大會中，敵人Doug過來握手道賀，Jerry也緊緊回握長達三十秒，不斷向Doug稱謝，弄得後者反而羞紅臉。

貴人會提攜你，敵人會激勵你

有一隻麻雀由南往北飛，雪愈下愈大，最後掉在地上，被雪覆蓋，就在快要凍死的那一刻，一隻牛走過，在麻雀身上撒一坨屎，把麻雀溫熱而甦醒過來。麻雀開心的嘰嘰喳喳唱起歌來，被一旁餓壞的野貓發現，撥開麻雀身上的屎，一口就把麻雀吞下肚子裡。

這故事的寓意是：把大便放在我們身上的，未必是敵人；把大便從我們身上撥開的，未必是貴人。在職場中碰到敵人時，不妨重新省視，會發現他們其實是貴人！與逆境乾杯，向敵人致敬，感謝他們給一個機會重新省視自己的不足，感謝他們給一連串磨難讓自己更強壯，這是一生中難得的禮物，請珍惜與感恩。

「成功，需要朋友；巨大的成功，需要敵人」，如果你對人生有企圖心，就必須拋棄追求順境、尋覓貴人的傳統觀念，重新解讀逆境與敵人。

太客氣
會拉低你的水準

工作愈換愈好，得聽得懂別人的客氣話，「還好」其實就是「不好」，不要再洋洋自得，放過自己；唯有別人說「很好」時，方可鬆手。

台灣人是出了名的溫和客氣、待人友善，觀光客都說：「人，是台灣最美麗的風景。」可是換做是職場，這恐怕是最讓人憂心的陷阱。

在這塊土地上，多數人都是話到嘴邊留三分，不說絕，也不說死，給自己、也給對方留三分情面。大家都害怕說真話，會傷害彼此顏面、破壞一團和氣，聽的人也配合，裝作一派相信的樣子，糊里糊塗就讓事情混過去，不致出現衝突、爭議的局面，也不會有人尷尬難堪，更不會得罪對方、失去對方的愛與信任。

所以，我們會玩一種遊戲：「真心話，大冒險」，三十年前還有一個電視節目單元紅到爆，叫做「老實樹」（來賓受訪時沒說真話，老實樹就會倒下來），因為說真話在這個社會太難得，說了就有收視率。

可怕就在這裡！在這樣一個「溫柔窩」的環境下，如果沒有保持高度警覺性，很容易就被「還好」、「不錯」、「沒有問題」給矇騙住，以為自己做的事情已經獲得對方的肯定，其實對方內心根本是另一套相反的「OS」。

沒有人說真話，也沒有人要聽真話，我們才是台灣最大的詐騙集團！

牙醫的真心話

朋友Justin向我推薦一位牙醫，說他的手法輕巧、醫術高明，一定做到好為止，診所總是大排長龍。看完每一位病患，醫生照例會問：

「今天怎麼樣？」

「還好！」Justin第一次給這位牙醫看診，順口答了這兩個字。

這兩個字，我們平常一天講上好幾遍，聽的人頂多是「喔」一聲就帶過去，沒有人當真，花時間研究這兩字的真正意思，究竟是「好」，還是「普通好」，或是「根本不好」。可是，這位牙醫卻拿話當話聽，較起真來，向Justin追究：

「究竟是好，還是不好？」

Justin被牙醫認真的表情嚇一跳，才知道非給一個明確答案，否則不會罷休，而後面一整排的病患也死盯著他看，好像在說：「看你怎麼講？別讓我們再等上半小時！」於是，Justin不得不吐露真言：

「剛剛有些痠疼……」

Justin怯怯懦懦，深怕得罪了牙醫，也讓牙醫在病患面前下不了台。哪兒知道牙醫雙手一拍，說：

「這就對了！你說真話，我才會知道哪裡沒做好啊！」

接著下一秒，牙醫轉身，對著一排病患，開始訓誡起來：

「台灣的病人說還好，其實就是不好！以後，大家別跟我客氣了，知道嗎？」

李開復說台灣人過度客氣了

紅遍海峽兩岸、年輕人的偶像李開復接受專訪時，比較中國人與台灣人在職場顯露的性格，特別提到台灣人的口頭禪「還好」，他直率的指出，「台灣人輸在講話太客氣。」

李開復認為，客氣不是不好，但是台灣人是過度客氣了。在台灣開會時，氣氛都一派和諧，彼此禮讓，不想撕破臉，「寧可都沒有人贏，也不能有人輸。」相反的，中國企業在乎效率和看結果說話，反而沒有這方面的問題。

節目製作人沈玉琳有一次上節目說了個笑話，挺能呼應台灣人的集體性格。小時候，大人看到他，會摸摸他的頭，稱讚他好可愛。聽多了這些美言，沈玉琳信心十足，自我感覺良好，自認是帥哥一枚。可是上多了電視談話節目之後，有些不同聲音跑出來，讓他無法接受。這段心路歷程，他是這麼述說的：

「第一次有人說我不帥時，我不以為然，沒放在心上。」

「後來幾乎所有人都說我不帥，我才開始意識到事態的嚴重……。」

停頓了一會兒，沈玉琳感慨的說：「這社會，騙子實在是太多了。」

「還好」是包了糖衣的毒藥

台灣人像極了沈玉琳，當終於有人說真話了，竟以為是在騙他。既然如此，就讓我們認清楚：台灣是童話「國王的新衣」真人版！可是，為什麼我們是那個看著光溜溜國王，卻說他的新衣好漂亮的眾人？

法國哲學家布來瑟帕斯卡（Blaise Pascal）說：「真相的反面不是錯誤，而是另一個真相。」真相就是我們害怕對方不高興，尤其對方是掌握生殺大權的老闆，更是忌憚如鼠，真話到嘴邊馬上吞回去。而當大家都附和時，下一個要面對的便是來自群體的心理壓力，說真話會讓自己看起來不合群，容易被討厭、被排擠。

然而，這樣一個氛圍，會讓我們「會錯意」，以為自己做得還不錯，而自我感覺良好，心生怠惰，繃緊的神經鬆懈下來，一天一天的過了，最後就是失去競爭力。

「還好」的真正意思，其實是「不那麼好」；而在職場，「不那麼好」等同於「不好」，所以不要再自作多情，收拾起竊喜的心，真實面對對方沒說出的心意，要求自己再多做一點，直到對方說「很好」為止，這才是真正的專業水準！

> 在職場，「不那麼好」等同於「不好」，真實面對對方沒說出的心意，要求自己再多做一點，直到對方說「很好」為止，這才是真正的專業水準！

丟掉上下班的鬧鐘

工作愈換愈好，得超越組織人的角色，找回自己的節奏感，心靈自由，時間不拘，不要被朝九晚五的無形繩子給綁架，也不要被加班不加班侷限住。

加班，是一個敏感話題，但是不太具有爭議，因為很少有上班族贊成加班！

我寫過幾篇文章談加班，因為切入角度不同，論述上或有差異，看似有時候贊成加班，有時候反對加班，好像立場不一、態度反覆，其實正反方都有一個堅實的核心理念支撐著。

我天天加班，但沒想過加班

這個核心理念是什麼呢？

做喜歡的事，為自己而做，不是為了組織或老闆。因此，你是一個獨立個體，超越「組織人」的角色認知，找回屬於自己的節奏感，拒絕被上班下班這個「企業鬧鐘」決定生活作息、心情感受，以及未來的成敗。

追溯過去的職涯，我發現自己沒有「加班」的概念，甚至心裡沒有「上班」與「下班」這個企業鬧鐘。這樣的作息，可能和一直在媒體工作有關。

剛畢業時，在勾選從事的行業時很困擾，表格裡不是農工商，就是軍警公，左看右看剩下一個「自由業」，不得不勾了它（後來行業多了，有所謂新聞業或傳播業，就有得勾選）。在這個「自由業」裡，我們不只觀念解放、心靈自由，也沒有綁著一條上班下班的繩索。

那時候報社記者整天在外面跑新聞，直至傍晚才陸續回來寫稿，大約十點下班，編輯則在十二點下班。報社一向二十四小時燈火通明，每個鐘點都有人上班或下班。

我做軟性版面的主編，一天只要上班六小時，可是沒有人真的管你是否上滿六小時，只要有打上下班兩次卡做個交代就好了。照規定我是下午四點上班，但是我上午就已經出現在資料室裡翻找資料，看當天報紙，讀新出刊的雜誌，中午出門和一些社會精英吃飯聊天，四點前坐回位子開始工作，至於幾點下班還真沒有記憶，所以我沒有「加班」的印象（從我的作息看來，算是天天加班）。

怎麼會有人固定時間上下班？

直到轉至一般行業工作，有一回我從外面進辦公室，被一個場景嚇到，一堆人蜂擁擠出電梯，當下我以為失火了，結果不是，他們是準時下班。

還有，每當我抬頭要問某位同事有關他的專案時，「咦，怎麼不見人？」再環顧一下周遭，發現只剩小貓兩、三隻，以為不見的同事是一起外出晚餐，餐罷便會出現，於是坐在位子上傻等，結果當然不是！

另一個震撼是，我和同事談到他有個工作沒處理好，對方聽完之後竟然轉身下班去了，留下我愣在當場許久。我們在報社一向秉持「今日事今日畢」的做事原則，隔天再處理就不是新聞，是沒有價值的資訊，等著挨刮吧！

這些行業文化差異不斷衝擊著我，也做了深刻的反省，慢慢適應有上下班的固定時間點，也逐漸發現企業為了撙節成本，有剝削勞力的傾向，了解年輕人對加班的反感，並學習遷就其他同事的作息型態。

超越上下班的概念

一般上班族屬於「組織人」，他們和朋友約碰面時，都說：「我上班後，十點鐘去公司找你。」「我下班後，七點和你約吃飯。」「我星期六要加班，不能參加聚會。」

企業老闆或成功人士屬於「自由人」，都說：「十點鐘，去公司找你。」「晚上七點，我們吃個飯。」「星期六我要處理事情，不能參加聚會。」

這兩種人的差別在哪裡？在於有沒有提到上班、下班或加班。

組織人用「上下班」概念做為作息的切割點，被一條看不見的繩索綁住，上班時放長一點出去工作，下班時縮短一點拉回來休息，這樣的人像什麼？對啦，就是水牛！而自由人都是一刀直直切入「時間」，身上沒有上下班繩索，而是長出一對翅膀，任何時間想飛哪裡都由自己作主！這樣的人像什麼？沒錯，就是老鷹！水牛勤奮，但是一路抱怨，常覺得主人誤了牠的吃飯時間、休息時間，而牠的眼睛只能往下看，路只能走同一條，耕的田也是同一畦，受制於人，發展有限。老鷹翱翔天空，沒有飛行的必經路線，沒有起飛與降落的時刻表，只瞄準自己要的目標，追隨心靈的節奏，成敗和他人無關，完全自己作主，自己承擔。

何妨試試自由人的思維，在心裡狠狠甩掉上下班這條無形繩索，做一隻老鷹，拉高視野高度，拉寬生命寬度，上班為了自己，下班為了自己，加班為了自己！沒有人用一條繩索拉著自己，不再受限，就不會有被剝削感，人生一定可以開展出完全不同的局面！

老和尚說，放下吧

上下班這個概念，在現實世界無法全然放下，至少要在心裡超越過去。

老和尚與小和尚一起過河，碰到一位孕婦也要過河，老和尚背起孕婦過河，小和尚也跟著到了對岸。待孕婦走遠，小和尚不解的問：「師父，剛剛是位女人，你怎麼可以背她呢？」老和尚說：「我都放下了，你還沒放下嗎？」上下班這個概念若不超越，就像小和尚一直在心裡背著一個女人，沈重不快樂。念頭轉了，世界就變了。觀念自由，人生就自由，也許一開始還沒那麼自由，卻會一路走向自由，找到屬於自己的生活節奏。唯有自由，可以帶給人真正的自主與快樂。

何妨試試自由人的思維，在心裡狠狠甩掉上下班這條無形繩索，做一隻老鷹，拉高視野高度，拉寬生命寬度，上班為了自己，下班為了自己，加班為了自己！人生一定可以開展完全不同的局面！

別人害怕挑戰，你的機會就來了

工作愈換愈好，膽子得夠大，一肩扛起別人不敢承接的挑戰，擁抱機會，累積經驗，向全世界證明自己有這個實力，也有這個膽識，讓生涯路愈走愈寬。

有一個機會來到面前，你是滿心歡喜接下這個機會，還是滿懷害怕地推拒它？在職場，經常都要面臨這樣的抉擇。

從今天開始，請換另一個腦子面對害怕，告訴自己，老闆這樣一個機關算盡的人，敢給你機會，他都不怕，你怕什麼？很快的，你就不會害怕了。

老闆想的，和我們不一樣

工程師 Michael 在竹科做了八年，想要換工作，在應徵過程中和一位電子業的老闆相談甚歡，對方也同意付給高薪，可是給的職缺超乎 Michael 意料之外，要他負責採購。Michael 回家思考兩天後，給老闆打電話，表示自己沒有經驗，害怕做不了這個工作，害怕辜負老闆的期望，害怕讓公司賠大錢。

老闆：「你有買過東西嗎？」

Michael：「當然有啊！」

老闆：「採購就是買東西，不同的只是買多、買少罷了，用到的能力與方法是一樣的。」

Michael被老闆說服了，果真去報到，一開始非常不順手，一個月過去、兩個月過去，逐漸適應了，由於他有工程師背景，比起其他採購人員，買得更到位，更符合使用單位的需求，因而受到高度肯定，這樣的結果是Michael當初始料未及的。這段經驗，讓他得到一個心得，影響到他往後在職涯做抉擇時的決定，他說：「原來，害怕的事情只會短暫存在，一段時間過去，害怕的事情就不在了。」

會害怕，是一件好事

碰到過去沒做過的事，一般人都會害怕，害怕失敗，以及害怕失敗後被嘲笑，讓自己丟臉。可是，為什麼不轉個念頭，用新的角度去想這件事？

一個人不害怕並不是好事，那是因為一直在原地踏步走，處在一個安全的舒適窩，熟悉到沒有知覺，不知道緊張害怕為何物。

相反的，人之所以害怕，是因為正在往前進，一步一步踏進未知之地，對於未來充滿不確定性，產生了很多自己想像出來的擔心害怕，比如：可能結果不如預期，可能會失敗，可能會讓自己回不了頭，可能會從此一蹶不振，無法重新站起來……。所以，會害怕是一件好事，請正面看待它，不要迴避它，而在害怕的後面，新奇的體驗等著我們、不可預知的未來等著我們，以及成功機會等著我們。更何況，大多數的時候，害怕只是自己主觀的感受，和事實真相是有差距的，是無中生有的東西，看到牆上的影子就以為來了一個巨人，自己嚇死自己。而不被自己嚇死的人，就可以掌握到機會，成為職場的獲利者。

別人害怕，我的機會就來了

Barry 四十出頭，在一家上萬人的大型代工廠裡任職中階主管，最近老闆要創新事業，將他擢升為子公司的總經理，大家都感到訝異，怎麼輪也輪不到他啊！

這家大企業的博士如雲，朋友不過是一所私立大學畢業，這家大企業的總經理都是理工科系出身，朋友則是文科背景；而且副總級都是十年以上的老臣，而他不過才進公司十一個月……。

不要說別人，連 Barry 自己也嚇一跳，心裡 OS：「怎麼是我？」不過，做過創業，當過老闆的 Barry 馬上換個角度思考，倒也想通了。他的老闆預計投資數十億，而這個新事業是整個集團未來的發展重點，這麼一個重責大任要交到他手上，Barry聳了聳肩說：

「老闆都不怕了，我怕什麼？」

這話說到點上，是啊！事業的成敗最終是老闆扛下，要賠也是老闆賠，既然老闆都敢押注，何必害怕和他賭上一把？至此，朋友終於弄懂了，為什麼輪得到他坐上這個高位，扛起這個重任，原因出在於：

「別人害怕，而我不怕！」

周杰倫英文差，還是可以演好萊塢電影

二〇一六年，電影《出神入化2》的廣告上竟然出現周杰倫，旁邊是《哈利波特》男主角丹尼爾，大家終於鬆一口氣。前一年製作單位第一次公開預告時，不見周董的身影，讓粉絲大呼失望。臨到上映前，廣告中，周董霸氣現身，當然他不是要角，可也夠粉絲尖叫了。

《出神入化2》是周董的第二部好萊塢電影，第一部是《青蜂俠》，邀請他

演出時，周董害怕英語不靈光，戲會演不好，可是導演來台試鏡時，一點都不在意他的英語程度，也不關心他的功夫底子。事實上，周董只念了兩段腳本裡的對白，過程中其他溝通全靠翻譯幫忙，也讓他拿到這個角色。

換句話說，哥倫比亞電影公司從頭到尾認定他是「亞洲天王」，整個華人市場通吃，尤其是中國，這才是周董真正的賣點！說真的，周杰倫英語說得好不好，完全不是考慮的重點。

因此，害怕的事情，常常根本不是重點！人之所以會搞錯重點，是因為永遠看到的是自己的弱點，執著在弱點上擔心害怕、裹足不前；相反的，對方看到的是優點，從這些優點看到未來龐大的利益，至於弱點則會想辦法一筆帶過。

如果周董在第一部電影就因為害怕而拒接，就很難再有第二部。雖然《青蜂俠》的口碑與賣座皆不佳，畢竟在好萊塢露臉了，全世界知道有他這號人物，周董掌握到這個重點，讓他不再執著於害怕英語爛不爛。

機會來了，就要掌握！不必怕失敗，不必怕丟臉，老闆都不怕了，你有什麼好怕的？老闆敢找你，就表示他看上你有賣點，可以賺到錢。即使後來失敗，你也賺到漂亮的頭銜、寶貴的經驗，以及後面更開闊的前途，並沒有損失啊！

你不決定，別人就決定你

工作愈換愈好，得要懂得禁語，也就是禁止帶有負面能量的言語，比如「都可以」，因為這根本是一句廢話，只是顯現出了無主張或不想負責任。

Jason二十八歲未婚，在網路公司任職軟體工程師，他告訴我，男生在約會時，都會碰到一個頭疼的問題：不是誰要付錢，而是決定去哪裡，像是挑選哪一家餐廳，或哪一部電影等。通常，對話是這樣的：

男生問：「你想吃什麼？」

女生答：「都可以！」

男生說：「好，去士林那家義大利餐廳。」

女生說：「不要去那家，價錢貴，服務又差。」

男生再問：「你剛剛不是說都可以？」

女生說：「是啊，都可以，就是不要那一家。」

結果，陷入無限迴圈裡。

每當男生說出一家餐廳，女生便搖頭說不要，可是又不說出要吃什麼，常常弄得不歡而散，約會半途喊卡。Jason的心得是，這些愛說「都可以」的女生，其實是在說這個不可以、那個不可以，等於「都不可以」。

「選擇恐懼症」還是「責任恐懼症」？

「現在，我寧願選擇有主見的女生！」Jason說，有主見的女生在第一時間就會表態，說清楚要這個或不要那個，乍看好像剝奪了男生的決定權，卻反而讓男生輕鬆愉快，不必浪費時間猜測。

口頭禪「都可以」的女生，究竟是說不出意見，還是不說出意見？

兩者都有！

說不出意見，是患了「選擇恐懼症」，碰到選擇時，有無從下手的障礙，一旦別人在他們面前攤出各種選項時，他們反倒是可以知道不要哪些選項。

我有一位男性友人Calvin都四十啷噹了，還有選擇恐懼症，特別羨慕行事果決的人，所以娶了一個喜歡做主的妻子，連出門穿哪一雙鞋都要問過太太。凡事有人幫他做決定，Calvin樂得大權旁落，一派輕鬆。

不說出意見者，則是患了「責任恐懼症」，在潛意識裡，不想讓別人覺得自己主觀強勢、難以親近，也擔心自己的意見違逆別人的想法，失去認同，不受喜愛。配合別人讓他們覺得安全、沒有壓力，不至於得罪人，也不必扛責任。

可是，完全不做選擇，人緣真的好嗎？也未必！

「說到底，就是不想負責任！」你我周遭充滿了這樣的人，事前不想為選擇負責任，事後卻全盤否定別人的意見，還未贏得友誼，反倒先失去信任。

不斷錯過第一黃金時間

那麼，他們滿意自己嗎？更是不見得！

Bill就是這樣一個人，每每碰到需要做選擇的十字路口時，他就噗通的一聲掉進「都可以」的無限迴圈裡，不斷浪費掉各種大好機會，以及錯過第一黃金時間，最後變成一個「都不可以」的魯蛇，做這做那都一事無成，而失去信心與方向。

考大學時，**Bill**想念數學系，可是不敢說出心聲，在父親開出一串理工學院的科系名單時，他只說「都可以」，後來考上土木系，念得極痛苦，大二時被二一退學。後來重考，父親再開出一堆科系名單，只是刪除土木系，他還是說「都可以」，念資工系四年，畢業後卻不想從事資訊行業。

原來有一技之長，竟然變得毫無所長，什麼工作「都可以」找，試試這一行、試試那一行，退伍四年換過八個工作，沒有一樣持久，眼見快來到三十而立之年，不禁慌了起來，於是來問我下一步的方向。

「你想做哪一類的職務？」我問。

「都可以。」Bill 答。

聽到這個回答，我馬上明白了，他的問題出在這一句：「都可以」。於是打開人力銀行裡的五百多個職務別讓他選擇，他的選擇方式是一個一個刪去，最後剩下「數學老師」，他終於說出這才是他想做的工作，可是問題來了，這個工作需要數學本科背景。

「看起來，都不可以。」Bill 一臉哭喪的說，那就沒有合適的職務了……。

把選擇交出去，等於放棄人生的自主權

早在十年前選大學志願時，Bill 就應該鼓起勇氣說出想念數學系，浪費十年回到原點，卻錯過念大學的年紀。我問他，當初為什麼將志願交給父親，他說：

「不想讓爸爸不高興，也不想擔負責任，可是今天才知道，大學是自己要念的，人生是自己要過的，工作是自己要做的，最後通通還是要由我擔起責任。」

人生這一條路，是由一連串的選擇所鋪陳出來。做出每個選擇之後，都會引導出一條新路來。不是命運之神在決定人生，而是你的選擇在決定。這是你的人生，由你做選擇，也由你承擔。如果抱怨人生，其實不過是在抱怨自己罷了。

習慣說「都可以」的人，到最後會發現自己的人生處處行不通，一點都不自主，一點都不快樂，一切都不可以。所以，改掉這個口頭禪，拿回選擇權吧！

> 人生這一條路，是由一連串的選擇所鋪陳出來。做出每個選擇之後，都會引導出一條新路來。不是命運之神在決定人生，而是你的選擇在決定。

第六部

時時向成功人士學工作智慧

五月天阿信的精神，藏在沙發裡

工作愈換愈好，得要愛你所選擇，樂在其中，不以為苦，而且困難當挑戰，吃苦當吃補。等到好日子來臨，也要照樣刻苦自勵，不被成功沖昏頭。

床，是最難以抗拒的誘惑。

二、三十歲還年輕時，褪黑激素多，特別重眠，尤其冬天要離開暖暖被窩，真要人命！計程車司機告訴我，天冷或下雨，遲到的人多，因為下不了床。

可是，就有人不愛睡床，只愛睡沙發。喔……，不是沙發床，就是沙發。窮的時候，沒有床，只得睡沙發，還是別人家的沙發；成功了，他們還是睡沙發。現在年輕人流行飢餓體驗，這些成功人士卻追求睡不安穩，求的竟是一個字：苦！

成功，是這樣一路睡過來的

我在電台工作時，總經理的辦公室有一張三人沙發，我們和他討論事情，沒人會去坐那張沙發，而是圍坐在旁邊的小圓桌，因為我們知道，沙發是總經理的床！

後來拜訪大老闆時，進入辦公室瞥見有大沙發，一定遠離凹陷的一端，因為那是這位老闆的頭枕靠的位置。即使如此小心翼翼坐到另一端，仍然忐忑不安，深恐坐髒老闆的床。

成功的男人，在打拚過程中，幾乎都有一張沙發。

周杰倫在還沒出名前，和作詞的方文山經常睡在公司的沙發，沒日沒夜的創作，把不要的作品揉成一團，丟滿屋子。師兄劉耕宏那時候發展得較好，看他們兩個窮光蛋，心裡不忍，常帶他們去打牙祭，接著再帶回家，讓他們睡在沙發。

林書豪也是！創造林來瘋現象的前一晚，他沒有地方過夜，借住在隊友費爾茲家中，睡在沙發上。後來紅了，他笑稱這張沙發具有神奇的力量，讓自己連續兩場表現驚人，還說要把沙發買下來。

周杰倫家裡有床，卻要跑到公司睡沙發；林書豪是NBA球員，年薪再少，還是住得起旅館，卻要睡隊友的沙發……，這些沙發象徵著什麼？

答案是，年輕歲月的刻苦自勵！

成功之後，照樣睡沙發

窮和苦是一般人在年輕歲月裡的原始樣貌，只要窮得有志氣，苦得有希望，窮便沒有酸味，苦也不見澀味，而是充滿意義的人生，而沙發是吃得了苦的鮮明證據。

男人最喜歡回憶的兩段日子，一段是當兵的苦日子，一段是剛踏入社會的窮日子，當時都苦不堪言或窮得抬不起頭，多年後再回顧，卻是說得最口沫橫飛、雙眼發亮的日子，連結婚和生孩子都比不上。

年輕時的苦，最後成了回甘。年輕時留下的傷痕，最後成了勳章。年輕時不吃苦，老了沒有回憶，人生就沒有故事。所以，吃苦是給年輕人的一份大禮物。

五月天現在紅了，在錄音室裡仍留有幾張沙發，其中一張特別短是阿信專用，躺下去時，雙腿掛在扶手上，膝蓋以下全部懸空，睡起來極不舒服，很難貪睡。

「睡眠愈多，用在創作的時間愈少，就用一些方法來抗拒誘惑。」阿信也會想看電視、上網、和朋友出去看電影，可是心裡有一股莫名的使命感，一想到寫完歌後，有多少人在歌曲裡可以得到一些東西，就覺得自己不能偷懶。

而最令人印象深刻的是，台灣前首富郭台銘在富士康連續跳樓事件的當下，馬上飛往中國，坐鎮深圳龍華園區，親自上火線面對媒體，大家這才發現原來首富每天工作十多小時之後，睡的不是五星級飯店的席夢思，而是廠區鐵皮屋裡的行軍床。從行軍床留下的歲月痕跡看來，郭台銘早已睡了多年。

還沒老，別過得像爺爺奶奶一樣

對於阿信或郭台銘，睡個好覺、養足體力是多麼重要的一件事，而買一張好床也不難，為什麼堅持留著短沙發或行軍床？那是給自己警惕，莫忘苦日子！告訴自己要一直努力不懈，不被成功沖昏頭。

顯然，成功者不只甘於過苦日子，還會自找苦頭來吃，不讓自己過得安逸。你還在抱怨沒有錢、沒有閒，不能過好日子嗎？那麼，你的人生最後只會剩下抱怨而已。

在最能吃苦的年紀裡，你選擇小確幸，不去追求夢想，不多做一點事，不多吃一點苦，而是下班後逛街、聚餐，說八卦、聊是非。

在最能學習的年紀裡，你選擇偷懶，不去進修語文，不培養一技之長，不練就第二把刷子，而是忙著談戀愛、滑手機、看韓劇，一天過一天。

在最能冒險的年紀裡，你選擇留在台灣，不出國念書、不去打工渡假、不去自助旅行看世界，而是宅在家裡上網、看漫畫、睡懶覺，睏了就睡，睡醒就吃。

看看爺爺奶奶，他們也滑手機、看韓劇、和朋友聚餐、看電視打盹，七十歲老人過的日子和你一樣……，給自己一張沙發吧，不舒服會讓你清醒一些！給自己一段苦日子，不安逸會讓你找到人生重心！

給自己一張沙發吧，不舒服會讓你清醒一些！給自己一段苦日子，不安逸會讓你找到人生重心！

李奧納多直到妥協，才榮登影帝

工作愈換愈好，得分清楚哪些事不可以妥協，哪些事可以妥協，以及可以妥協到什麼程度，在面臨抉擇時，不致迷失方向，錯失機會。

二〇一六年二月二十八日李奧納多拿到奧斯卡最佳男主角金像獎，掀起當年奧斯卡最高潮。

「終於給他拿到了！」這是很多人看李奧納多上台領獎時，心中發出的喟嘆。大家都鬆了一口氣，總覺得他這麼會演戲，兢兢業業演二十五年，多部戲叫好叫座，今年若再不讓他贏得奧斯卡，整個電影界都對不起他。李奧納多自十六歲從影，十九歲年紀輕輕就入圍最佳男配角，後來再三度入圍，可惜都擦身而過，未能獲獎。這次還給他一個遲來的肯定，讓影迷感到眾望所歸，不再有遺珠之憾。

態度，讓我們遠離夢想

才四十一歲的李奧納多早已是三屆金球獎影帝，其他各屆頒發獎座也多達二十幾個，為什麼還要多一個奧斯卡金像獎，大家才覺得他獲得歷史定位？

這是因為普世認定，奧斯卡是電影界的最高榮耀！很多人都這麼相信，唯有李奧納多獲頒小金人的那一天，他的演技實力才算是獲致最終的認同。

可是，問問喜歡電影的年輕人吧，他們會告訴你：

「奧斯卡，是電影界之恥！」

當一般人認為奧斯卡是世界之最，年輕人卻把它罵到翻，認為奧斯卡充滿商業操作、選片類型化、品味過時、歧視有色人種……，也就是說，對電影有獨立思考能力的人並不屑奧斯卡，認為奧斯卡阻礙電影往健康方向發展。

「李奧納多不拿奧斯卡，才是對的態度！」

對，就是「態度」這兩個字！所謂的態度，等同於絕不妥協！只要一丁點的妥協，無疑是違背良知良心，不可原諒的向下沈淪。

但是，堅持「態度」，讓不少懷抱夢想的二十幾歲年輕人，來不及掌握機會，無法累積價值，更別說是站到有利位置，讓夢想成真。最後，這些極具天分的年輕人，淹沒在主流的大浪潮裡，不再浮上來，或抑鬱不得志一生，或自此迷失方向，找不到自我，也走不到理想的未來。

這樣的悲劇英雄，讓人深深惋惜，而，原本他們可以為社會做出更大貢獻。

對非核心的部分，做一點妥協吧

年輕，就是反骨，就是要背叛主流，最後才能超越主流，創造另一個主流。就像任何一個時代的樂團，都是生來造反的，五月天也一樣，歌詞裡充滿對主流的不屑與挑釁，極其有態度！也因為這個態度讓它魅力不墜，吸引龐大粉絲。

可是，走訪一遍地下樂團，會發現寫叛逆歌詞的人多的是，會唱出年輕人心聲的人也多的是，他們的態度甚至比五月天還鮮明強烈，為什麼獨獨五月天紅遍華人社會？

「我們知道哪些事可以妥協。」主唱阿信說，只要願意用不是那麼核心的部分去跟世界交換，是有機會成功的。所以，他勸懷抱夢想的年輕人，「一定要找出來，有什麼是你可以妥協的。」

人生，沒有百分之一百的完美，無法做到百分之一百的堅持，而是七十分的堅持加上三十分的妥協，才能走向成功，具備影響力顛覆體制，超越主流，改變社會。

一個讓步，李奧納多拿到小金人

上一次李奧納多失之交臂，沒能站上奧斯卡頒獎舞台是在二〇一四年，他在《華爾街之狼》演出精彩，結果輸給馬修麥康納！馬修麥康納在《藥命俱樂部》演出一名愛滋病患者，為戲暴瘦二十公斤。

四度入圍，四度落選，李奧納多終於徹悟，認清奧斯卡影帝的獎座盡是頒給這些人：增肥減肥、灰頭土臉、裝瘋賣傻，還有不少是靠精神病與同性戀成功上位。

這一次演出《神鬼獵人》，述說一名邊疆拓荒者為了求生存，做出許多難以啟齒的事，從來就是用盡全力演戲的李奧納多，這次在戲中狼吞虎嚥地生吞野牛肝，導致反胃大吐，因為他擁抱環保，多年素食。

「我之所以想這麼做，是因為劇組給我的東西看起來不逼真。痛苦只是一時，電影卻是永恆的。既然都來了，總得親身試試看。」

在頒獎典禮，他的致詞大出意料之外，竟然是呼籲環保，可見得不殺生是他奉行不悖的生命態度，可是為了演戲和拿獎，他「出賣」了態度，做了不得不的妥協。

妥協，讓人難以忍受；但是遠離夢想，更教人遺憾。

現在，請把你的夢想分成兩部分，一部分是核心，堅持不退讓；另一部分是非核心，可以讓步與妥協。這樣一來，再碰到矛盾衝突，必須做出明確的抉擇時，腦袋才會清楚，腳步才會堅定，不致因為一些非核心部分而遠離夢想。

人生，沒有百分之一百的完美，無法做到百分之一百的堅持，而是七十分的堅持加上三十分的妥協，才能走向成功，具備影響力顛覆體制，超越主流，改變社會。

蔡康永做自己更成功

工作愈換愈好，得聚焦在一個軸心上，而且重點是只有一個！再一步一步走近軸心，軸心要永遠在，不要輕易放棄或離開這個軸心。

你還在追求自我嗎？

這件偉大的事，讓蔡康永來教教我們吧！二〇一六年，蔡康永請辭火紅十一年的「康熙來了」，下一步決定去拍電影。

我第一次見到蔡康永，是他從ＵＣＬＡ剛念電影電視回來，在台北主持一個電影座談，我在台下離他很遠，仍然可以感受他對電影的溫度與心跳。

那場對話以後，我一直以為他會不顧一切投身電影，但是，結果卻和一般人一樣，對他的印象主要停留在作家與電視主持人，維基百科也是這麼總結他的前半生：「著名的台灣節目主持人和作家」，大部分觀眾與讀者不太記得他參與過哪部電影的拍攝製作，但是，對他主持多次金馬獎頒獎典禮則多印象深刻。

時過二十多年，年過半百，他決定拋下招牌作「康熙來了」，去做自己的最愛。

蔡康永紅遍華人社會，如果連這麼一位說錢有錢、說名氣有名氣的超級名人，都要割捨離去，追求自我，平凡如你我為什麼不能也有一個夢想、有一個自我要去追求？也許，這是我們剩下的最後一點點奢侈。

蔡康永五十三歲前在做什麼？

很多文章寫到這兒，都會下這麼一個結論，鼓勵你義無反顧的去追求自我。我也會，因為我喜歡人生帶點浪漫的冒險，驚奇華麗，回味無窮，不留下遺憾。

喔喔，慢一點，我們再回頭定格，聚焦在蔡康永，將他的人生歷程做一番拆解，好像他在追尋自我的公式上，排列順序和你我有點不一樣……。我們都是這麼想的：我要一直追求、一直追求，費盡千辛萬苦，等到苦盡甘來，撥雲見日，終於找到自我了，才去做那個自我要我們做的事。

蔡康永出身富裕之家，身旁盡是影藝娛樂人士，有金脈，也有人脈，他要拍電影根本是一步到位的小事，為什麼要等到二十多年後再去圓夢？

在圓夢的過程中，他並非什麼都不做，而是做得比誰都多。

他做過的事洋洋灑灑，可能要花我們兩、三輩子才能做到。蔡康永主持過二十二個電視節目，編劇過兩部電視劇與一齣電影，寫過十四本散文與小說，還幫過一個電腦遊戲寫劇本……。

這些都是蔡康永愛做的事，雖然不是拍攝製作電影，不過離電影都有點靠邊，也就是說他一直沒有離開過影視圈這個軸心。

你弄錯了！追求自我不是這樣的

套一句老話：「想要有錢嗎？那就去跟有錢人學！」一樣的，「想要和蔡康永一樣活得自我嗎？那就跟蔡康永學！」

二十幾歲年輕人追求自我，是這樣子的……。

每天東想西想，念頭閃過兩個、三個，想著：做文創很熱血、寫一支APP有可能爆紅、開一家公仔藝廊挺思想前進的……，不只想著，有時候你會出遠門，東走西走，比如到澳洲度假打工、到歐洲壯遊、到非洲做志工、到中國念研究所……。這種追求自我，是離心圓方式。這一步和下一步的軸心不同，也互不相干。

光是尋找自我，可能要耗掉你整個二十幾歲的時光。在沒找著之前，你的心是無法安定下來的。這件事是唯一，也是第一，絕對純粹！無敵重要！甚至到可以跟爸媽絕裂、跟全世界翻臉、跟男（女）友分手的地步。可是，好像周圍懂你這種心情的大人不太多……。

在追求自我的這條路上，你覺得孤單無助，充滿干擾與阻撓。

蔡康永教我們的事

蔡康永的人生歷程告訴我們一個道理：追求，不是離心圓，而是同心圓。同心圓式的追求自我，像在一根木樁上繫一條繩子，每天縮短一小段，每天跨向木樁一小步，有一天不知不覺的就走到軸心，而這就是你想要追求的自我。

這種方式的原則是，木樁不動，軸心不變，你要做的只是一步一步靠近它。大人說你不對，不是說你不應該追求自我，而是因為你追求的是離心圓，每次軸心都不同，今天去當工程師，明天去攻讀博士，後天去賣雞排，接著還要趕在三十歲前送自己一個禮物，到澳洲拔羊毛……，這是跳tone人生，無法累積，也無法追求到自我。

先不忙著追求，靜下來想一想，你的軸心是什麼？

接著最重要的是，去做！

追求，不是離心圓，而是同心圓。先不忙著追求，靜下來想一想，你的軸心是什麼？接著最重要的是，去做！

林志玲讓缺點變成亮點

工作愈換愈好，得懂得忽視自己的缺點，聚焦在優點。即使只有一個優點，也要想盡辦法放大，做成亮點，成功之後，缺點自然就會變成特點。

二〇一六年金馬獎典禮，不論是她將黃子佼抱起來，還是大跳一段歌舞劇，大家都感受到林志玲的配合與賣力，以及自我突破的企圖心。

做為一個女人，林志玲太完美了！論外貌，她的五官比例與配置完美；論身高，她有一七五公分；論身材，她的胸圍有三十六D；論性情，她的高EQ人人稱讚。

如果要選出一個完美女神，橫跨老中青三代都投贊成票，眾望所歸當屬林志玲。可是從影藝圈的各個條件來看，林志玲並不完美！

不論伸展台、拍廣告、演電影或主持節目，每一個領域林志玲都存在一個致命的缺點，有的缺點可以突圍，有的缺點無法跨過。可是我們一般人看到的，永遠是她一貫的甜美微笑、優雅儀態，察覺不到她背後充滿無奈與艱辛。

當模特兒，可惜臉蛋太標緻

在紅起來之前，其實她在模特兒界蹲馬步好一陣子，紅不起來的理由也許讓你傻眼，卻是千真萬確！理由竟然是她的臉蛋長得太標緻了！

翻開流行雜誌，看看名牌廣告，除了大明星之外，看到的生面孔都是全球最當紅的超級模特兒，可是有些超模還真不順我們的眼！細長的單鳳眼、高聳的顴骨、肥厚的嘴唇、超比例的額頭……，這些對歐美人來說，代表有個性，可以準確傳達設計師的風格語彙，做廣告也會讓人有記憶點。

當時台灣也是跟隨著歐美這種美學思維，所有在伸展台上當紅的模特兒都是長得讓人一眼忘不了，相反的，林志玲的五官細緻、比例均衡，笑容甜美，眼神無殺氣，沒有特點，也沒有記憶點，注定只能退居第二線！

後來台灣因為市場太小、產業外移，服裝秀的場次逐漸減少，模特兒必須另謀生路，經紀公司開始把他們推向電視廣告、電視劇、電影等做多元化發展，這些螢光幕需要的不是身高，也不是個性，而是美麗的臉蛋、甜美的笑容，林志玲的缺點開始變成優點，第一次跨過瓶頸期，朝拍攝商業廣告發展。

拍豐胸廣告，可惜胸部太小

接著，問題又來了！

模特兒都是紙片人，前胸貼後背，林志玲接的竟然是豐胸廣告，挑戰自己的小胸部，卻意外一戰成名，居然將缺點炒成熱點！

在這一支豐胸廣告裡，林志玲讓大家看到她的漂亮臉蛋與大露乳溝，而金主香港唐安麒砸錢做廣告也不手軟，很快的便引起台灣街頭巷尾的關注，我記得那時候，報紙電視每天都在吵鬧不休：「林志玲的胸部是真是假？」「林志玲的胸部是到哪裡整型的？」吵到大家都認識她，也開始盛傳她讓自己從三十四B一路拚到三十六D的祕訣。

從此，不知道從哪天起，林志玲被封為台灣第一名模，而且戴著這個光環到對岸發展，一路順遂走紅，各種邀約蜂擁而至，包括拍電影，這時候個性、身高再度成為她的致命缺點。

拍電影，可惜長太高

優雅和善良讓她贏得大眾的高度愛戴，可是這樣溫和的個性及娃娃音，讓她演不出戲劇張力。有一次，在「赤壁」的記者會現場，記者說她不會演戲，只是一個漂亮花瓶，高EQ的她差點當場淚水奪眶而出。

第二個致命缺點是身高，這一點原來是她當模特兒的優點，拍電影時卻變成缺點，找不到男主角和她搭配，只能找比她矮的黃渤合演「一〇一次求婚」，用反差製造效果，帶出戲劇性。

這麼多的缺點，都是林志玲在影藝圈闖蕩時要真實面對的自己，和外人眼中的完美女神大相逕庭。

人紅了，缺點就會變成特點

今天，林志玲的漂亮臉蛋會成為走伸展台的阻力嗎？不會！只要她點頭，哪個廠商不搶著安排她先發或壓軸？因為她會帶來大量的媒體曝光！

今天，大家會嘲笑林志玲的娃娃音嗎？不會！聽久了也滿好聽的，變成她的特色，而且一定要原音重現，才能聽到原汁原味的林志玲！

今天，大家會認為身高是她在演戲時的缺點嗎？不會！片商會找一個比她矮的男星來搭配，讓身高變成戲劇張力，也變成行銷的賣點、炒作的議題。

林志玲從缺點女王變成完美女神，這樣的蛻變告訴我們一個職場真理：人一旦紅了，缺點就不是缺點，而是特點，甚至是優點。

林志玲沒有比你我更有條件，但是她忍得住冷嘲熱諷，熬得過酸言酸語，重點是她沒有放棄！大家看得到她的努力與真誠，就給她愈來愈多的機會。

我們和林志玲一樣有很多缺點，卻和林志玲不一樣，我們太在乎自己的缺點，太放大自己的缺點，太容易因為缺點而放棄，缺點害了我們一輩子！學學志玲姊姊，小胸部竟敢拍豐胸廣告，不會跳舞、不會唱歌還敢表演歌舞劇，不會演戲也敢當女主角，她都這麼敢了，我們還怕什麼？

不怕不怕，就怕我們不敢要成功！

人一旦紅了，缺點就不是缺點，而是特點，甚至是優點。就怕我們不敢要成功。

王建民一生懸念，永不放棄

工作愈換愈好，得敢於做決定！任何決定都會有損失與風險，但是都比坐著空想、懸而未決來得好，至少指出一個明確方向，有一個努力的起點。

王建民在二〇一六年重返大聯盟，台灣人的心又開始沸騰，大家都引頸期待建仔再度站上投手丘展現雄風。媒體一致讚賞王建民的堅強意志，是那顆永不放棄夢想的心讓他再度贏回舞台。

最近台灣有一本暢銷書，書名是《夢想這條路踏上了，跪著也要走完》，說明堅持的偉大，寓意充滿勵志，而王建民熬了三年，做盡各種復建與訓練，歷盡內心千迴百轉，可說是這本書的最佳例證！

有趣的是，市面上同時還有另一本暢銷書：《放棄的力量》，看書名即可清楚它要打破堅持一定成功的概念，提出另一個反向思維：「堅持不是人生唯一的答案，有時候放棄才是通往成功的道路，也是更健康的人生態度。」

請做出決定

兩個訴求完全相反的主題，都受到歡迎，各有擁護者。在我們的生活周遭，也充斥這樣「公說公有理、婆說婆有理」的二維理論，不是黑，就是白，讓人莫衷一是。

當我們碰到挫折困難時，就有人來打氣，鼓勵堅持下去，因為成功者都是意志力的強人；可是，當我們嘗試多次，日子與心境快撐不下去時，也會有人來勸我們不妨轉個彎變通一下，這條路走不通，還有別的路可以走，而成功者都是識時務的英雄。

這些話都極有道理，但是站在十字路口時，是我們要做決定，究竟要聽哪一方的話，選擇哪一條路才是對的？為難的是我們啊！

依據我的人生經驗，選擇堅持或放棄，都對！但是，一定要選擇！

或者，像王建民一樣堅持下去，不想中華職棒，也不想日本職棒，一心一意夢寐以求的是大聯盟投手丘；或者像王建民的國中學弟郭泓志，也在大聯盟奮戰多年，屢仆屢起，被譽為不死鳥，二〇一五年三十三歲不堅持了，回台灣打職棒。

人之所以失敗，通常不是他選擇了什麼，而是他什麼選擇都不做，搖擺不定，整個人生懸在那裡，東飄四盪，讓黃金歲月一年一年過。

不做決定最危險

開車的人最討厭跟在一種車後面，好像要轉彎，又不轉彎，好像要直走，又龜速到以為路是他家開的。前車猶豫不決，不是只有後面跟著的人難受，他自己也充滿危險。

而這樣的人，在職場多的是。

Eddie是我的老廠商，三年前他公司來了新總經理，管理風格與前任大異其趣，Eddie適應得很辛苦，常常聽他抱怨現任總經理的行事作風、決策邏輯，以及情緒商數等，也會心生不如歸去的念頭。

一開始我摸不清楚他的態度，以為他要離職，於是花時間幫他詢問工作機會，他卻猶豫再三，找了很多理由，不外乎是：

「我做不到！跳同行，沒有一家的薪水會高於我們公司；而跨行，我又得從頭幹起，薪水太低，不足以養家。」

「不可能的！我知道那家公司，老闆朝令夕改，還喜歡假日要主管到他家開會，美其名是請吃飯，這樣我會沒有家庭生活。」

每個決定，都可以走出一條大路

聽多了這些理由，我以為自己弄錯了，心想他要留下來繼續打拚，又熱心的建議他和總經理改善關係的方法，Eddie總是搖搖頭說「沒辦法」，或是「沒有用」。三年來，Eddie沒有做出任何決定，是選擇離職他去，還是留下來改善關係，唯一不變的是永不停止的發牢騷。最近Eddie告訴我，他被總經理資遣了……。

Eddie浪費三年，既不想堅持，也不想放棄，擺盪其間，錯過轉職的第一黃金時間，也錯過與總經理改善關係的好時機。如果三年前他想清楚，也做取捨，選擇其一，不論是離職或留下，並做好下一步，今天也不會落得這個難堪的局面。

人生的每一個選擇，都自有它的出路，而這個出路不可能兩全其美，一定有失有得。不做選擇的人，乍看好像沒有失去，其實他的失去會出現在幾年後的未來。

同樣是三年，Eddie不做決定，也不努力，三年時光從指縫間溜掉，最後被淘汰；相反的，王建民從頭到尾打定主意就是力拚重返大聯盟，從三十三歲努力準備到三十六歲，做過手術，也做過復健，當然心裡清楚時不我與，優勢逐漸消失，可是他選擇在過程中努力準備，在未來無畏面對，這就是一種決定！一種態度！

鏡頭拉回三年前，很多人都不看好王建民有可能重返大聯盟，連回台灣打中職都被看做只是吸票機，而且頂多吸前幾場，所以他的執著落在很多人的眼裡，只剩四個字：「看不懂他」！

今天，王建民的美夢成真，他的傻氣與勇敢，給我們上了寶貴的一堂課，告訴我們，想做就去做，趕快做決定，不要猶豫，不要害怕！猶豫或害怕於事無補，只是浪費時間與錯過機會。

人之所以失敗，通常不是他選擇了什麼，而是他什麼選擇都不做，搖擺不定，整個人生懸在那裡，東飄四盪，讓黃金歲月一年一年過。

周杰倫先學乖，再學不乖才成功

工作愈換愈好，得先學「乖」再學「不乖」。人生剛起步時，乖乖蹲馬步將實力基礎扎深，把自己這個人的產品力做到地表最強，再走自己的路，做有故事的人，展現不乖的一面，將自己包裝成具有差異性的特色產品。

二〇一六年是周杰倫一生中非常重要的一年，一月在英國古堡舉辦婚禮，當了人夫，七月產下一女，當了人父。

Bad boy變成good boy，周杰倫真的變乖了，讓我對他早期的印象完全改觀。

我第一次認識周杰倫，是在電子遊樂場裡。

十五年前，在台北人聲鼎沸的士林夜市，他被做成填充娃娃，大頭小身體，濃眉、單眼皮，一副欠扁的屌樣子，和周圍卡哇伊的狗呀、熊啦形成強烈對比，煞是有趣！夾娃娃機掛滿他的人形卡，上面寫著一個字「Jay」，是他推出的同名專輯。

後來再在電視看到他，斜著肩，歪著身，吊兒啷噹的站著，主持人問他話，要答不答，常常是一抹似笑非笑帶過，年輕人看他是酷，中年人則是覺得不禮貌。

接著是緋聞不斷，J女郎從蔡依林到侯佩岑，不知傷過多少女神的心，他卻從未正式承認過任何一段戀情，這樣的男人真是壞到骨子裡。

社會上都鼓勵年輕人不乖

從一開始周杰倫就沒打算乖過，包括行銷手法、新聞炒作到歌手形象，都是打造成「玩音樂的壞男孩」。很多跟著他長大的二十幾歲年輕人，就這麼直覺的認為，在愛情上，要壞壞的才會吸引女生；在職場上，要不乖才會被看見。

有人推薦我看候文詠的一本書：《不乖：比標準答案更重要的事》，於是我上台北市立圖書館網站預借這本書，輸入「不乖」二字，不料竟然跑出四十九筆資料！

OMG！原來市面上有很多書在教人家「不乖」！包括和父母談教養子女、和上班族談職場之道、和年輕人談人生哲理等，無非在鼓勵大家獨立思考，跳脫常規，大膽想像，勇敢嘗試，提出自己的想法，走出自己的路。

當有長輩說「你好乖」時，已經沒有年輕人覺得這是在讚美自己，反倒是有被嘲笑的羞辱感。同樣的，很多主管也不敢跟年輕同事耳提面命「你要聽話」，害怕被貼上天龍國的標籤。

可見得，不乖是主流價值，也是王道思想！問題是，當我們在學習周杰倫靠不乖崛起演藝圈時，周杰倫竟悄悄在質變中……。

周杰倫乖了三十三年

周杰倫是魔羯座，這是一個擁抱傳統價值、主流常軌的星座，從頭到尾根本是一個乖乖牌。他愛跑車，卻沒聽過他飆車上新聞；他開夜店，也沒見過他喝酒鬧事；他傳過無數J女郎浪漫史，但他在二○一二年受洗後，和女友昆凌堅守兩年守貞計畫。

乖是他的本性，不乖是他的形象，但我們學到了他的皮毛。

自三歲練鋼琴，到十八歲陪同學參加歌唱比賽，被吳宗憲相中簽約，這期間整整十五年，周杰倫天天練琴，視音樂為他的生命。從二○○○年出第一張專輯到今天又是另一個整整十五年，他跨足歌唱、電影，從歌手與作曲，到演員與導演，周杰倫天天努力工作，將他的演藝事業推到極致。

待紅到成為時代雜誌的封面人物、到好萊塢拍電影，他就回歸原來的本性，做起乖兒子、乖情人、乖丈夫、乖爸爸，因為這時他已經三十多歲，再賣「不乖」也賣不動，只有「乖」可以幫他穩住市場，細水長流走下去。

周杰倫的成功路數是經典三段式：他靠「乖」累積真本事，靠「不乖」突圍崛起演藝圈，再靠「乖」鞏固優質形象。

乖才有產品力

乖是產品力，不乖是行銷力，在職場這兩者都很重要，那一個優先呢？周杰倫的故事告訴我們：先乖再不乖！

廣告人是行銷高手，他們經常告訴客戶一個重要原則，產品還不具有競爭力之前，打廣告只是讓更多人知道產品很爛；相反的，當產品很強時，廣告就像一個菸頭，可以在森林裡引燃大火。

在這個鼓勵將自己當做品牌行銷的年代裡，年輕人都急著想用創意證明自己，用不乖突顯自己，以為這是邁向成功的捷徑。

可是，企業主管卻要告訴你以下的良心話：二十幾歲剛步入社會，經歷不足，如果聽話一點、乖一點，展現謙虛受教的良好態度，會比急著不乖，容易學到更多的經驗與技能，將基礎打好。不乖是超級管用的「華麗轉身」策略，前提是你必須夠華麗，實力夠強大！

二十幾歲剛步入社會，經歷不足，如果聽話一點、乖一點，展現謙虛受教的良好態度，會比急著不乖，容易學到更多的經驗與技能，將基礎打好。

向「康熙來了」學夥伴哲學

工作愈換愈好，得和各式各樣不同的人共事愉快，彼此欣賞，相互尊重與信賴，共創雙贏的人生。

「康熙來了」最後兩集，小S與蔡康永兩人坐在大床上話說當年，回顧十二年的精華片段，看著他們兩人頻頻拭淚，我心中只有一個感覺：「感情好好！默契好好！真讓人羨慕！」

在職場，這是多麼不容易的事！既和你相互欣賞，還能默契絕佳，彼此幫襯，完成使命，扳手指頭數一數，能數出多少人？很可能一個也數不出來。小S與蔡康永何其幸運，能在黃金歲月合作十二年，帶給觀眾歡樂，也帶給自己成功。

合作的致命因素

小S與蔡康永，根本是來自兩個星球的人，讓人奇怪的是，居然惺惺相惜十二年，從未傳出任何齟齬與衝突，而那些全長得一個樣的少女團與男子團，卻一個一個散了，走不過星光燦爛的青春歲月？

其實，答案就隱藏在這個問題裡！

小S與蔡康永太不相像，這是他們搭配成功的關鍵；而少女團與男子團的每個成員都太相像了，這是他們解體的主因。所以，當你在職場尋找合作夥伴，請牢記小S與蔡康永的組合元素，就可以眾裡尋他千百度，驀然回首，那人卻在燈火闌珊處。

先來看看少女團與男子團最終都要走上拆夥的原因，做為我們的借鏡。

【天團拆夥的致命因素①】：年紀一樣

這些團體的成員差不多都是十幾歲，正值青春期，最有創意與活力，個性也最不穩定與不成熟，經紀人一個沒有處理好，便容易埋下彼此的芥蒂。而媒體又喜歡挑撥離間，製造紛爭，你一言、我一語，火上加油，假的也變成真的，怎麼會心裡沒有疙瘩？久而久之，這些疙瘩就變成敵意，曲解對方的任何言語與行為。

【天團拆夥的致命因素②】：角色一樣

他們是來當明星的，一心一意追求一枝獨秀與獨當一面，當他們在唱同一首歌曲，唱得再和諧動聽，或是跳同一款舞步，跳得再整齊劃一，每個人心裡想的都是另一個目標：「什麼時候我紅到可以單飛？」競爭隨之而來，而在你爭我奪的過程中，一定有桌面下的角力，充滿暗黑面，也有檯面上的衝突，充滿戲劇性，但是，他們畢竟不是親如兄弟姊妹，吵完後變不回一家人，最後就走上分手之途。

不一樣的人，合作更愉快

小S與蔡康永完全相反，他們太不相像，可是通常一般人很難欣賞和自己異質的人，共事更難！而小S與蔡康永是怎麼做到的？這才是我們要學習之處。

【快樂合作的關鍵①】：年紀不一樣

小S這幾年結婚生子又歷經風波，長大成熟很多，說話比較收斂，但是別忘了，她是以無厘頭的快人快語起家，要不得罪人很難！可是蔡康永大她十六歲，成熟到可以包容小S，欣賞小S，適時給小S叫停，而相對的，小S天性善良，容易感動，足以感受到蔡康永對她的善意與照顧，兩人當然可以變成好夥伴。

【快樂合作的關鍵②】：地位不一樣

小S很早出道，很早走紅，能入她法眼的男人不多，而蔡康永不論在藝文界、電視界都有作品頗具口碑，他應該是極少數能讓小S服氣的人，所以小S雖然也會調侃蔡康永，但是會收起傲慢的高姿態，在言語上的衝突與不快便減少很多。

【快樂合作的關鍵③】：舞台不一樣

除了主持「康熙來了」，小S與蔡康永各有各的事業，互不重疊，他們不必爭奪同一個舞台。蔡康永多才多藝，既可以寫書演講、追求電影夢，還可以和侯文詠開公司，甚至跨足藝術品的收藏買賣，而小S也不遑多讓，在拍廣告片、當代言人之餘，她有三個女兒，家庭才是她內心真正的舞台。

【快樂合作的關鍵④】：角色不一樣

在「康熙來了」節目裡，小S與蔡康永各有各的角色，各有各的重要性，不必搶對方頭上的那頂皇冠來戴。小S負責嘻鬧與毒辣，以及鋪梗帶動大家high到最高點，而蔡康永雙手抱胸，話不多，常冷不防的帶上一句，畫龍點睛，把節目收到完美句點。

不過再怎麼不一樣，相互尊重、彼此信賴，願意給對方犯錯的空間，也願意珍惜這一份情與緣，才是兩人可以和平共處，且快樂合作的關鍵密碼。

辦公室裡的同事，和我們來自不同世界，不論做事方式或思考模式都不相同，何不學學小S與蔡康永的相處之道呢？也許你會發現另一個小S或蔡康永！

> 再怎麼不一樣，相互尊重、彼此信賴，願意給對方犯錯的空間，也願意珍惜這一份情與緣，才是兩人可以和平共處，且快樂合作的關鍵密碼。